聪明宝宝的营养餐

孙晶丹◎主编

2880例

新疆人民出版总社
新疆人民卫生出版社

图书在版编目（CIP）数据

聪明宝宝的营养餐 2880 例 / 孙晶丹主编 . —— 乌鲁木齐：新疆人民卫生出版社，2016.11

ISBN 978-7-5372-6744-1

Ⅰ. ①聪… Ⅱ. ①孙… Ⅲ. ①婴幼儿－食谱 Ⅳ. ① TS972.162

中国版本图书馆 CIP 数据核字 (2016) 第 277566 号

聪明宝宝的营养餐 2880 例

CONGMING BAOBAO DE YINGYANGCAN 2880 LI

出版发行	新疆人民出版总社 新疆人民卫生出版社
责任编辑	张 鸥
策划编辑	深圳市金版文化发展股份有限公司
摄影摄像	深圳市金版文化发展股份有限公司
封面设计	深圳市金版文化发展股份有限公司
地　　址	新疆乌鲁木齐市龙泉街 196 号
电　　话	0991-2824446
邮　　编	830004
网　　址	http://www.xjpsp.com
印　　刷	深圳市雅佳图印刷有限公司
经　　销	全国新华书店
开　　本	173 毫米 ×243 毫米　　16 开
印　　张	18
字　　数	200 千字
版　　次	2016 年 12 月第 1 版
印　　次	2016 年 12 月第 1 次印刷
定　　价	29.80 元

前言
Foreword

宝宝是爸爸妈妈或家人对婴幼儿的昵称，这个简单的称呼承载着一份不简单的爱。让自己的宝宝健康地成长更是每一位父母的心愿，0~6岁是宝宝生理发育和智力发育的重要时期，这就要求我们对宝宝的营养需求更为严格。虽然现如今科学的育儿方法日益普及，但影响婴幼儿营养健康的因素还是存在着，如膳食结构不合理、饮食习惯差、微量营养素不足等。

对于婴幼儿来说，无论是以上的哪一个因素存在都可能造成宝宝营养失衡，营养过剩和营养不良同样会影响到宝宝健康成长。妈妈们应该从辅食添加开始到学会为自己孩子量身定做属于自己宝宝的营养餐，合理的营养摄入不仅让宝宝长得健康苗壮，还有助于宝宝的大脑发育和智力提高。

本书针对0~6岁宝宝各时期的肠胃消化、吸收和调节功能，分阶段为不同年龄的宝宝制定饮食方案。书中从0~1岁宝宝辅食开始，又有1~3岁宝宝营养餐和4~6岁宝宝营养餐，菜例多达2880例，涵盖了主食、汤品、菜肴、清粥等多个类别，以满足宝宝多样化的需求，让妈妈换着做，宝宝更爱吃。

为了帮助宝宝在0~6岁更好更健康地成长，本书还增加了功能性食谱，让你宝宝头脑聪明、骨骼健康、肠胃好，还能补充身体必需的钙、铁、锌等营养素。从外，本书还针对宝宝常见的十二种病症详细讲解了病症特点、发病原因以及提出饮食指导，帮助宝宝在特殊时期更好更健康地饮食与成长。

总之，这是一本包含了科学喂养方法和实用指南的家庭必备书籍。我们力求让宝宝更健康、妈妈更省心！

CONTENTS

Chapter 1
0~1 岁 奶娃娃断奶记

Chapter 2
1~3岁 聪明宝宝喂养经

Chapter3
4~6岁 聪慧孩子健康营养食谱

Chapter4
0~6岁益智宝宝功能性食谱

Chapter5
0~6 岁聪明宝宝常见病饮食调养

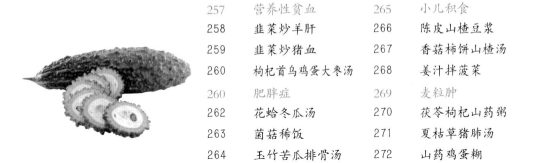

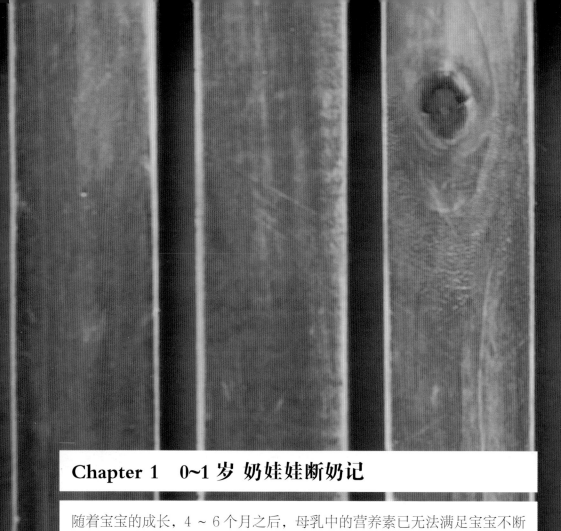

Chapter 1 0~1 岁 奶娃娃断奶记

随着宝宝的成长，4 ~ 6 个月之后，母乳中的营养素已无法满足宝宝不断增长的需求，及时添加辅食可补充宝宝的营养所需，同时还能锻炼宝宝的咀嚼、吞咽和消化能力，适时添加辅食非常重要。

制作辅食需要准备的工具

在给宝宝制作辅食的时候，有很多的工具是不可缺少的，准备好制作辅食的常用工具就可以避免制作过程中手忙脚乱了。

常见工具除菜板、刀具外还有以下几种

蒸锅

用来为宝宝蒸食物，像蒸蛋羹、鱼、肉、肝泥等都可以用到。

使用要点：可以使用小号的蒸锅，既节能又方便。

小汤锅

用来为宝宝煮汤，也可以用来烫熟食物。

使用要点：可以使用小号的汤锅，既节能又方便。

研磨器

用来将食物磨碎。制作泥糊状食物的时候少不了它。

使用要点：一定要清洗彻底。使用前最好用开水烫一遍。

榨汁机

用来为宝宝制作果汁和菜汁。最好选过滤网特别细，可以分离部件清洗的。

使用要点：一定要清洗彻底。使用前最好用开水烫一遍。

过滤器

用来过滤食物渣滓，给宝宝制作果汁和菜汁的时候特别有用。网眼很细的不锈钢滤网或消过毒的纱布都可以用作过滤器。

使用要点：使用前用开水烫一遍，使用后要清洗干净并晾干。

削皮器

可以很方便省力地削去水果的表皮。居家必备的小巧工具，便宜又好用。

使用要点：建议妈妈给宝宝专门准备一个，与平时家用的区分开以保证卫生。

添加要点

辅食看似简单，但每个时间段的宝宝对于营养的需求都不一样。所以在添加辅食的时候要掌握好添加要点哟！

添加辅食的原则

添加的辅食必须与宝宝的月龄相适应

比如过早添加辅食，宝宝会出现呕吐和腹泻；过晚添加会造成宝宝营养不良，甚至拒吃非乳类的流质食品。

按一种到多种逐渐增加食物的种类

开始只能给宝宝吃一种与月龄相宜的辅食，尝试3~4天或一周后，如果宝宝的消化情况良好，再尝试另一种，不能在短时间内一下增加好几种。

从稀到稠

宝宝在开始添加辅食时，都还没有长出牙齿，只能给宝宝喂流质食品，逐渐再添加半流质食品，最后发展到固体食物。例如：米糊→粥→软饭。

从细小到粗大

宝宝的食物颗粒要细小，口感要嫩滑，锻炼宝宝的吞咽功能。在宝宝快要长牙期间，才可以把食物的颗粒逐渐做得粗大，这样有利于促进宝宝牙齿的生长，并锻炼他们的咀嚼能力。

添加辅食的技巧

适时

满4个月，开始尝试添加辅食，但应该根据孩子的表现，选择添加辅食的时间。从4个月的时候可以尝试喂一下，表现出对食物的兴趣就可以逐渐地为他添加辅食了，如果不行就过两三天再试，这需要一个过程。

适量

学会判断宝宝吃饱了：当开始玩；开始吐泡泡；勺子推开；将头转向一边。

1岁前，母乳还是婴儿最主要的食物，如果婴儿吃奶量减少，或者不愿意吃奶，说明辅食添加过多，要调整辅食量，保证婴儿喝足够的奶。

宝宝辅食添加时间表

了解宝宝成长阶段需求，适时合理地为宝宝添加正确又营养健康的辅食很重要。

宝宝辅食添加时间表					
月龄	0～4	5～6	7～8	9～10	11～12
添加品种	蛋黄、米汤、菜汁、果汁	带皮水果种类果汁、米粉、蛋黄、米糊、麦糊、菜糊、鱼泥	蛋羹、稀粥、菜末、肝泥、水果片、豆腐末	烂面条、碎菜、稠粥、蛋羹、肉末、肝泥、饼干	烂菜、碎肉、全蛋、豆制品、软饭、馒头等
软硬度	稀糊状	稠糊状	泥状	碎末状	软颗粒状
喂养方法	小勺喂食	小勺喂食	小勺喂食 宝宝手抓	宝宝手抓 宝宝用勺	宝宝用勺 筷子练习
宝宝进食方式	吞咽	吞咽	舌碾 牙床咀嚼	咀嚼	咀嚼
供给的营养素	维生素、钙、铁	铁、钙 维生素 动植物蛋白	铁、锌 维生素 动植物蛋白	钙、镁 蛋白质 动植物蛋白	硒、钙、镁糖类、蛋白质、维生素、膳食纤维

备注

11～12月

* 如果辅食吃得好，可少喂1次奶或考虑断奶。

* 可以吃接近大人的食品。

* 如果处于春秋凉爽季节可考虑断奶。断奶后，每天要保持喝1～2次牛奶。

温馨提示

这个时候的宝宝基本上可以吃家里所有的饭菜，但要注意少加盐，我们可以一起做饭，但要先将宝宝吃的部分取出来，我们吃的那部分再加一些盐和调料。

添加辅食时应该注意什么

给4个月之后的婴儿添加辅食，是宝宝成长的必需营养保证。但婴儿的胃是非常虚弱的，所以这就要求我们充分了解添加辅食的注意事项。

1 耐心

给宝宝添加辅食一定要有足够的耐心，你不需要把宝宝喂到很饱，刚开始只是几汤匙的量，再慢慢地增加。当然啦，要以宝宝的意愿为根据。

2 态度

每个宝宝的气质不同，有些个性较温吞，吃东西速度慢，父母千万不要责骂催促，只要想办法让宝宝的注意力集中在"吃"这件事上就可以了。

3 反应

每次喂养一种新食物后，必须注意宝宝的粪便及皮肤有无异常，例如腹泻、呕吐、皮肤出疹子或潮红等反应。若喂食三至五天内，没有发生上述的不良反应，就可以让宝宝再尝试其他新的食物。

4 方法

吃东西的整个过程对宝宝来讲就是个游戏，不妨让他和他的食物玩在一起，从中他能学到：感觉、捣碎、涂抹及品尝食物。所以，不要怕宝宝吃东西的时候弄脏衣服和地板，事先准备好大围兜，在地上铺上报纸，让孩子吃得尽兴。

6 方式

在给宝宝吃米粉的时候，有些家长喜欢把米粉直接加入奶瓶中让宝宝吸食，这么做并不可取。最好的喂养方式是将食物装在碗中或杯内，用汤匙一口一口地慢慢喂，训练宝宝从小就开始适应大人的饮食方式。当宝宝具有稳定的抓握力之后，可以训练他自己拿汤匙。

5 看护

在宝宝练习自己抓取食物时，不要将他独自留在那里而，以免食物卡到喉咙发生意外。

3~4 个月宝宝断奶预备
——从流质型辅食开始

菠菜水

材料：

菠菜 60 克

做法：

❶ 将洗净的菠菜切去根部，再切成长段，备用。

❷ 砂锅中注入适量清水烧开，放入切好的菠菜，拌匀。

❸ 加盖烧开后用小火煮约 5 分钟至其营养成分析出，关火，装入杯中即可。

喂养·小·贴士

菠菜汁有平肝、止血、润燥的功效。

胡萝卜蜜枣水

材料：

胡萝卜 100 克
蜜枣 10 克

做法：

❶ 胡萝卜去皮，洗净切片；蜜枣洗净。

❷ 把适量水煲滚，放入蜜枣、胡萝卜片，煲滚后慢火再煲 1 小时，滤去渣即可。

喂养·小·贴士

蜜枣选择果大、外形圆整且脐部宽大成熟的。

苹果汁

材料：

苹果 90 克

做法：

❶ 苹果洗净削皮切成丁，备用。

❷ 取榨汁机，选择搅拌刀座组合，倒入苹果丁和少许温开水，盖上盖。

❸ 选择"榨汁"功能，榨取苹果汁，断电后倒入杯中即可。

胡萝卜汁

材料：

胡萝卜 85 克

做法：

❶ 洗净的胡萝卜切小块，倒入榨汁机。

❷ 注入适量纯净水，盖好盖子，选择"榨汁"功能，榨出胡萝卜汁。

❸ 断电后倒出胡萝汁，装入杯中即成。

鲜果时蔬汁

材料：

黄瓜、胡萝卜各 1 根，芒果 1 个

调料：

白糖少许

做法：

❶ 将黄瓜、胡萝卜分别洗净，切段；芒果洗净，去皮取果肉。

❷ 榨汁机内放入少量矿泉水、黄瓜段、胡萝卜段、芒果果肉，榨汁。

❸ 加白糖拌匀，煮沸即可。

黄瓜汁

材料：

黄瓜 140 克，蜂蜜 25 克

做法：

1. 黄瓜去皮切小块，倒入榨汁机中，加入少许蜂蜜。
2. 注入适量纯净水，盖好盖子，选择"榨汁"功能，榨出蔬菜汁。
3. 断电后滤出黄瓜汁，装入杯中即可。

西红柿汁

材料：

西红柿 250 克

做法：

1. 将西红柿洗净，用沸水焯烫去皮，切碎，用清洁的双层纱布包好。
2. 把西红柿汁挤入小盆内，用温开水冲调即可。

橘子汁

材料：

橘子肉 60 克

做法：

1. 取榨汁机，选择搅拌刀座组合，倒入橘子肉。
2. 注入适量纯净水，盖上盖，选择"榨汁"功能，榨取橘子汁。
3. 断电后倒出橘子汁，装入杯中即可。

狝猴桃汁

材料：

狝猴桃果肉 100 克

做法：

① 狝猴桃果肉切小块，倒入榨汁机。

② 注入适量纯净水，盖好盖子，选择"榨汁"功能，榨出果汁。

③ 断电后倒出狝猴桃汁，装入杯中即成。

马蹄汁

材料：

马蹄肉 100 克

调料：

蜂蜜少许

做法：

① 将洗净去皮的马蹄切成小块。

② 将马蹄倒入榨汁机中，加入适量矿泉水，榨取马蹄汁。

③ 揭开盖倒入杯中，放入适量蜂蜜搅匀即可。

西瓜汁

材料：

西瓜 400 克

做法：

① 洗净去皮的西瓜切小块。

② 取榨汁机，选择搅拌刀座组合，放入西瓜，加入少许矿泉水。

③ 盖上盖，选择"榨汁"功能，榨取西瓜汁，倒入杯中即可。

雪梨汁

材料：

雪梨 270 克

做法：

❶ 洗净去皮的雪梨切开，去核，把果肉切成小块，备用。

❷ 取榨汁机，选择搅拌刀座组合，倒入雪梨块，注入适量温开水，盖上盖。

❸ 选择"榨汁"功能，榨取汁水，断电后倒入杯中，撇去浮沫即可。

大米汤

材料：

水发大米 100 克

调料：

白糖 10 克

做法：

❶ 取电饭锅，倒入大米，加入白糖，注入清水至水位线 1，拌匀。

❷ 盖上盖，选择"米粥"功能，时间为 45 分钟，开始蒸煮。

❸ 按"取消"键断电，盛出煮好的汤，装入碗中即可。

山楂水

材料：

鲜山楂 75 克

调料：

白糖适量

做法：

❶ 将洗净的山楂切开，去除果蒂，切小瓣，去核，改切成小块，备用。

❷ 砂锅中注水烧开，放入切好的山楂，加盖烧开后用小火煮 15 分钟至熟。

❸ 揭盖，加入少许白糖，搅拌均匀，煮至溶化，关火后盛出即可。

红枣苹果浆

材料：

新鲜红枣 100 克，苹果 200 克

做法：

1 将红枣和苹果洗净，用开水略烫，备用。

2 红枣倒入炖锅，加水用微火炖至烂透，去皮去核。

3 将苹果切成两半，去皮去核，用小勺将果肉刮出泥，倒入红枣锅中略煮即可。

玉米奶糊

材料：

玉米粒 150 克，牛奶 150 毫升

做法：

1 玉米倒入榨汁机，将其打成玉米汁。

2 榨好的玉米汁倒入奶锅中，倒入牛奶。

3 开小火加热至浓稠，倒入碗中即可。

黑米浆

材料：

黑米 100 克

做法：

1 取豆浆机，倒入黑米，注入清水至水位线。

2 选择"五谷"项目，点击"启动"，待机器运转约 30 分钟，磨出米浆。

3 断电，倒出磨好的米浆，装在小碗中即可。

5~6 个月断奶初期
——吞咽型辅食的加入

香瓜汁

材料：

新鲜香瓜半个

做法：

1. 将香瓜洗净，去皮、子，切块。
2. 将香瓜块放入榨汁机中，加温开水搅拌榨汁，倒出来沉淀过滤即可。

喂养·小·贴士

香瓜含有苹果酸、葡萄糖及多种维生素。

奶香芹菜汤

材料：

芹菜 150 克
牛奶 100 毫升
面粉 10 克

调料：

盐少许

做法：

1. 将芹菜洗净，切末；牛奶倒进一个大碗中加盐、面粉，调匀。
2. 锅内加入 1 杯清水煮开，倒入芹菜末煮熟。
3. 将调好的牛奶面糊倒入芹菜汤中，煮沸即可。

喂养·小·贴士

芹菜含有多种维生素，具有镇静安神等功效。

水果藕粉羹

材料：

哈密瓜 150 克，苹果 60 克，葡萄干 20 克，糖桂花 30 克，藕粉 45 克

调料：

白糖适量

做法：

1. 把洗净的苹果、哈密瓜去皮切小块后倒入盛有适量热水的砂锅中。
2. 锅内再放入葡萄干、糖桂花，搅匀加盖，烧开后用小火煮约 10 分钟。
3. 揭盖，倒入加水调好的藕粉搅匀，放白糖煮至溶化，盛碗即可。

奶香藕粉

材料：

牛奶、藕粉各适量

做法：

1. 把牛奶、藕粉和水一起放入锅内。
2. 混合均匀后用微火煮，搅至透明糊状即可。

栗子奶糊

材料：

板栗 100 克，牛奶 150 毫升

做法：

1. 栗子倒入榨汁机，将其打成汁。
2. 榨好的栗子汁倒入奶锅中，倒入牛奶。
3. 开小火加热至浓稠，倒入碗中即可。

香蕉奶糊

材料：

香蕉 100 克，奶粉适量

做法：

❶ 香蕉去皮，用勺子背面压成泥状。

❷ 把压好的香蕉放入锅内，加奶粉和适量温水混合均匀。

❸ 锅置于火上，边煮边搅拌，2~3 分钟后关火即可。

青菜糊

材料：

米粉 20 克，青菜叶 3 片，高汤适量

做法：

❶ 米粉用水调好，加高汤，熬煮半小时左右。

❷ 将青菜叶洗净，放入沸水锅内煮软，捞出沥干。

❸ 青菜切碎后加入煮好的米粉中，搅匀即可。

鱼肉糊

材料：

鱼肉 50 克，鱼汤少许，淀粉适量

调料：

盐少许

做法：

❶ 将鱼肉切成 2 厘米见方的小块，放入开水锅中，加入盐煮熟。

❷ 除去鱼骨、刺和皮，将鱼肉放入碗中研碎。

❸ 将研碎的鱼肉放入锅内加鱼汤煮，把淀粉用水调匀倒入锅内煮成糊状即可。

银耳糊

材料：

水发银耳 100 克

调料：

冰糖少许

做法：

① 泡发好的银耳切碎。

② 锅中注入适量清水烧开，倒入银耳碎。

③ 中火煮 30 分钟，加入冰糖调味，盛出即可。

洋葱糊

材料：

洋葱 30 克，黄油 5 克，面粉 10 克，香菜末、干酪粉、肉汤各少许

做法：

① 将洋葱洗净切丝，煎锅里放黄油煸炒洋葱。

② 当洋葱炒至透明时放入面粉继续炒，然后加入肉汤并轻轻搅拌。

③ 撒上香菜末和干酪粉即成。

奶香芝麻糊

材料：

牛奶 100 毫升，芝麻 20 克

调料：

白糖 5 克

做法：

① 将芝麻炒熟，研成细末。

② 牛奶煮沸后，加入白糖，搅拌均匀。

③ 再放入芝麻末调匀即可。

美味黄鱼羹

材料：

黄鱼500克，韭菜20克，瘦肉、鸡蛋各30克，姜末少许

调料：

食用油、生抽、香醋、淀粉各适量

做法：

1. 将瘦肉切丝，黄鱼去头、去尾，剔除鱼骨。
2. 将姜末、料酒、瘦肉和鱼放入笼蒸10分钟，鱼取出切碎。
3. 锅烧热后放入食用油，下肉丝煸炒，加入生抽，再将鱼肉下锅放适量水烧滚后加入香醋、淀粉，最后放入打散的鸡蛋、韭菜、姜末即可。

银耳鸭蛋糊

材料：

鸭蛋80克，水发银耳50克

调料：

白糖适量

做法：

1. 将水发银耳去杂洗净，放入锅内加水煮，煮到软为止。
2. 鸭蛋打入碗中搅匀，倒入锅中煮沸，加白糖稍煮，盛入碗中即可。

蛋黄泥

材料：

鸡蛋4个，配方奶粉15克

做法：

1. 鸡蛋煮熟后取出蛋黄，放入碗中压成泥状。
2. 将适量温开水倒入奶粉中，搅拌至完全溶化。
3. 倒入蛋黄搅拌均匀，装入碗中即可。

三文鱼泥

三文鱼能促进机体对钙的吸收利用，
有助于生长发育。

材料：

三文鱼肉 120 克

调料：

盐少许

做法：

❶ 蒸锅加水烧开，放入处理好的三文鱼
肉，用中火蒸约 15 分钟至熟，放凉
待用。

❷ 取一个干净的大碗，放入三文鱼肉，
压成泥状。

❸ 加少许盐，搅拌均匀至其入味即可。

鸡汁土豆泥

土豆含有大量的蛋白质和 B 族维生
素，可以增强体质。

材料：

土豆 200 克，鸡汁 100 毫升

调料：

盐 2 克

做法：

❶ 将洗好的土豆切成小块，装入大碗中，
放入蒸锅中，盖上锅盖，用中火蒸 10
分钟至土豆熟透，取出。

❷ 将土豆放在砧板上，用刀压扁，剁成
泥状，装入碗中，待用。

❸ 锅中注入适量清水烧开，倒入鸡汁，
调成大火，放入盐，拌匀煮至沸腾。

❹ 倒入土豆泥，拌煮 1 分 30 秒至熟透，
起锅，盛出煮好的土豆泥，装入碗中
即可。

7~8 个月断奶进行时
——蠕嚼型辅食的尝试

核桃红枣羹

材料：

核桃仁 20 克

红枣 30 克

营养米粉 40 克

调料：

白糖适量

做法：

❶ 将核桃仁、红枣放入蒸锅中蒸熟。

❷ 将蒸熟的红枣去皮去核，与蒸熟的核桃一起研成糊状，可保留细小颗粒。

❸ 将营养米粉用温水调成糊，加入核桃红枣泥、白糖一起搅拌均匀。

喂养小贴士

核桃能滋养脑细胞，有健脑功效。

红枣栗子汤

材料：

板栗 250 克

红枣 100 克

调料：

淀粉少量

白糖少量

做法：

❶ 板栗放入冷水锅中煮熟，趁热剥去壳和膜，再入蒸笼蒸酥，切块。

❷ 红枣泡软后去皮去核。

❸ 在锅内注水烧沸，加白糖、栗肉、红枣，烧沸改小火煮 5 分钟加入少量淀粉勾芡即可。

喂养小贴士

红枣具有益气补血、健脾和胃、祛风之功效。

香蕉甜橙汁

材料：

香蕉 50 克，甜橙 100 克

做法：

❶ 甜橙去皮切块，放入榨汁机加适量清水榨成汁，再倒入小碗。

❷ 香蕉去皮，用铁汤匙刮泥拌入甜橙汁中即可。

蔬菜浓汤

材料：

土豆、胡萝卜各 15 克，洋葱 20 克，青豆仁 10 克，豆腐 50 克，黑木耳少许

调料：

食用油、盐各适量

做法：

❶ 将土豆、胡萝卜去皮切丁，黑木耳泡发后撕小朵，洋葱、豆腐切丁。

❷ 将油锅热好后，先炒洋葱和胡萝卜，再加入其他材料，用小火慢炖至浓稠，最后加少许盐即可。

三鲜玉米羹

材料：

玉米粒 60 克，熟鸡肉 50 克，水发干贝 15 克，香肠 30 克，鸡汤 300 毫升

调料：

盐 2 克，鸡粉 3 克，水淀粉适量

做法：

❶ 将熟鸡肉切成碎末，香肠切成丁，备用。

❷ 锅置火上，倒入鸡汤、清水。

❸ 放入备好的香肠、玉米粒、干贝、鸡肉，15 分钟至食材熟透。

❹ 加入盐、鸡粉，拌匀，再倒入水淀粉，拌匀即可。

时蔬羹

喂养·小·贴士

胡萝卜含有胡萝卜素、B 族维生素等多种维生素。

材料：

胡萝卜、油菜、西芹各 80 克

调料：

盐少许

做法：

❶ 胡萝卜去皮切丁；油菜、西芹洗净剁碎。

❷ 汤锅放到火上，加清水大火烧开。

❸ 倒入胡萝卜、油菜和西芹，用中火炖熟炖烂，加盐调味即可。

豌豆糊

喂养·小·贴士

豌豆含有丰富的钙，对幼儿的生长发育大有益处。

材料：

豌豆 120 克，鸡汤 200 毫升

调料：

盐少许

做法：

❶ 汤锅中注入适量清水，倒入豌豆，烧开后用小火煮 15 分钟至熟，捞出沥干。

❷ 取榨汁机，选搅拌刀座组合，倒入豌豆，倒入 100 毫升鸡汤，榨取豌豆鸡汤汁。

❸ 把剩余的鸡汤倒入汤锅中，加入豌豆鸡汤汁，搅散后小火煮沸，放入少许盐，装碗即可。

豆腐糊

材料：

豆腐 20 克，肉汤适量

做法：

❶ 把豆腐放入开水中焯一下捞出，锅置火上，放入肉汤、豆腐，边煮边用勺子把豆腐研碎。

❷ 煮好后把豆腐盛在干净的蒸布内，慢慢从蒸布中挤入碗中。

❸ 然后把锅内的肉汤倒入，搅拌均匀即可。

鱼肉香糊

材料：

海鱼肉 50 克，鱼汤适量

调料：

盐、淀粉各适量

做法：

❶ 先将海鱼肉切条，煮熟，除去骨刺和皮，研碎。

❷ 再把鱼汤煮开，放入鱼肉泥，然后用淀粉勾芡，再用盐调味即可。

芝麻米糊

材料：

粳米 85 克，白芝麻 50 克

做法：

❶ 烧热炒锅，倒入洗净的粳米，炒至微黄色，再倒入白芝麻，炒出芝麻的香味。

❷ 盛出后磨成粉。

❸ 汤锅中注水烧开，放入芝麻米粉，慢慢搅拌几下，用小火煮至糊状即可。

红薯碎米粥

材料：

红薯 85 克，水发大米 80 克

做法：

1. 锅中注入适量清水，用大火烧开，倒入水发好的大米，拌匀。
2. 红薯切粒，倒入锅中搅拌匀，盖上盖，用小火煮 30 分钟至大米熟烂。
3. 揭盖，再煮片刻，把煮好的粥盛出，装入碗中即可。

红薯苹果泥

材料：

红薯、苹果各 50 克

做法：

1. 将红薯洗净、去皮、切碎后煮熟。
2. 将苹果洗净、去皮、去核、切碎煮软，也可剁成泥，混在一起调匀即可。

西红柿猪肝泥

材料：

西红柿 100 克，鲜猪肝 50 克

调料：

白糖适量

做法：

1. 将猪肝洗净，去掉筋膜和脂肪，放在菜板上剁成泥状；西红柿洗净去皮捣成泥。
2. 把猪肝末和西红柿泥拌好，放入蒸锅蒸 5 分钟，熟后再捣成泥，加入白糖拌匀即可。

什锦果泥

材料：

哈密瓜、西红柿各适量，香蕉 100 克

做法：

❶ 将所有材料洗净去皮。

❷ 用汤匙刮取果肉，然后压成泥状搅拌均匀即可。

甜蜜三色泥

材料：

红枣、红豆沙、山药各 80 克

调料：

白糖、水淀粉各适量

做法：

❶ 将红枣煮熟，去皮去核弄成枣泥。

❷ 山药用蒸笼蒸熟后去皮压成山药泥，和红枣泥、红豆沙搅拌均匀，上蒸笼蒸熟后扣盘。

❸ 在小锅里加入适量清水和白糖，煮沸后用水淀粉勾芡浇在盘上即成。

芋头玉米泥

材料：

香芋 150 克，鲜玉米粒 100 克，配方奶粉 15 克

调料：

白糖 4 克

做法：

❶ 香芋切片，和玉米粒用中火蒸 10 分钟，熟后取出。

❷ 熟香芋压成末，玉米粒加奶粉用榨汁机打成泥状倒入加水的汤锅中。

❸ 加白糖煮沸，倒入香芋泥搅拌，煮成糊状即可。

9~10 个月断奶后半段
——细嚼型辅食渐进期

蓝莓山药泥

材料：

山药 180 克
蓝莓酱 15 克

调料：

白醋适量

做法：

① 将山药切块，浸入清水中，加白醋，去除黏液。

② 将山药捞出，放入烧开的蒸锅中，盖上盖，用中火蒸 15 分钟至熟。

③ 把山药倒入大碗中，用木锤捣成泥倒入碗中，再放上适量蓝莓酱即可。

喂养小贴士

幼儿食用山药可辅助治疗腹泻、预防感冒。

牛奶豌豆泥

材料：

牛奶 200 毫升
豌豆 150 克

做法：

① 豌豆煮熟后放入凉水中，搓去外皮。

② 将牛奶和豌豆倒入榨汁机中榨成泥。

③ 取汁盛出装入碗中即可。

喂养小贴士

豌豆具有利尿通便、帮助消化等功效。

山药南瓜羹

材料：

南瓜 300 克，山药 120 克

调料：

盐 2 克，鸡粉 2 克，食用油适量

做法：

❶ 南瓜、山药洗净去皮切片，用大火蒸 10 分钟至熟透。

❷ 锅内注水烧开加食用油、鸡粉和盐，再放入剁成泥状的南瓜搅匀。

❸ 再倒入剁成泥状的山药搅匀煮沸，盛碗即可。

蛋黄菠菜泥

材料：

菠菜 150 克，鸡蛋 50 克

调料：

盐少许

做法：

❶ 菠菜焯烫后，取出切碎，将鸡蛋打入碗中，取蛋黄备用。

❷ 汤锅中注水烧热，倒入菠菜末，调入盐，用大火煮沸。

❸ 再淋入备好的蛋黄，边倒边搅拌，煮至液面浮起蛋花即成。

西蓝花土豆泥

材料：

西蓝花 50 克，土豆 180 克

调料：

盐少许

做法：

❶ 把洗净的西蓝花在汤锅中煮熟捞出剁成末。

❷ 把去皮切块的土豆蒸 15 分钟至熟后压碎剁成泥。

❸ 土豆泥和西蓝花末加盐拌 1 分钟至入味装碗即可。

草莓土豆泥

材料：

草莓 35 克，土豆 170 克，牛奶 50 毫升，黄油、奶酪各适量

做法：

❶ 土豆去皮、洗净，切成薄片。

❷ 锅置火上，注入适量清水，加土豆煮至熟软，捞出沥干。

❸ 草莓放保鲜袋，压成草莓酱。土豆压成泥放入黄油和奶酪。

❹ 取大碗，放入土豆泥、一半草莓酱搅拌均匀。

❺ 淋入剩余草莓酱即可。

炖鱼泥

材料：

草鱼肉 80 克，胡萝卜 70 克，高汤 200 毫升，葱花少许

调料：

盐少许，水淀粉、食用油各适量

做法：

❶ 将草鱼肉洗净切片倒入高汤，和洗净切片的胡萝卜依次放入蒸锅蒸 10 分钟熟。

❷ 油锅中倒入鱼汤，放入蒸熟后剁成末的鱼肉和胡萝卜。

❸ 加适量盐调味，再倒入水淀粉搅匀煮沸，盛出装碗，撒上葱花即可。

薯泥鱼肉

材料：

土豆 150 克，草鱼肉 80 克

做法：

❶ 将草鱼肉和去皮的土豆切成片分别装盘放入蒸锅。

❷ 用中火蒸 15 分钟至熟，取出放入榨汁机。

❸ 选择"搅拌"功能将其搅成泥状，倒入碗中即可。

原味虾泥

材料：

虾仁 60 克

调料：

盐少许

做法：

❶ 虾仁用牙签挑去虾线剁成虾泥。

❷ 将虾泥装入碗中，放入少许盐和清水搅匀。

❸ 将虾泥转入另一个碗中，放入蒸锅用大火蒸约 5 分钟，蒸熟即可。

核桃扁豆泥

材料：

干扁豆 200 克，核桃仁 30 克，黑芝麻粉 25 克

调料：

白糖 7 克

做法：

❶ 核桃仁切碎剁成末。把扁豆放在蒸碗中加少许清水，放入烧开的蒸锅内，中火蒸一个小时。

❷ 蒸熟后的扁豆去豆衣剁成细末，倒入油锅中炒匀。

❸ 倒入核桃仁、黑芝麻粉后，加少许白糖翻炒至白糖溶化，盛出即可。

土豆豌豆泥

材料：

土豆 130 克，豌豆 40 克

做法：

❶ 去皮的土豆切成薄片，放入蒸锅中用中火蒸 15 分钟至熟软。

❷ 把洗好的豌豆放入蒸锅中，用中火蒸 15 分钟至熟软。

❸ 把蒸熟的土豆和豌豆都捣成泥状，拌匀即可。

猪胰泥

材料：

猪胰 150 克

调料：

盐、鸡粉各少许，食用油适量

做法：

❶ 处理干净的猪胰切小块，用榨汁机的"绞肉"功能搅成泥，装碗。

❷ 加入少许盐、鸡粉、食用油，搅拌均匀，腌制约10分钟。

❸ 腌制好后放入蒸锅，用中火蒸 10 分钟至熟即可。

西瓜甜粥

材料：

西瓜皮 100 克，甜瓜、水发粳米各 50 克

调料：

白糖 15 克

做法：

❶ 将甜瓜、西瓜皮洗净去皮，除去内瓤，切成丁。

❷ 西瓜皮放入沸水锅中稍滚捞出；粳米用冷水浸泡片刻，捞出沥干。

❸ 取锅注水烧沸，加入西瓜皮、甜瓜块、粳米，先用旺火烧沸，然后改小火熬煮成粥，放白糖调味即可。

果味麦片粥

材料：

猕猴桃 40 克

圣女果 15 克

燕麦片 70 克

牛奶 150 毫升

葡萄干 30 克

1

2

3

4

5

6

7

8

做法：

① 将洗净的圣女果对半切开，切小块，再切成丁。

② 猕猴桃切瓣，去皮，把果肉切成条，再切成丁。

③ 汤锅中注入适量清水，烧热。

④ 放入适量葡萄干。

⑤ 盖上盖，烧开后煮 3 分钟。

⑥ 揭盖，倒入牛奶，放入燕麦片。

⑦ 拌匀，转小火煮 5 分钟至黏稠状。

⑧ 倒入部分猕猴桃，搅拌均匀。

⑨ 将锅中成粥盛出装碗。

⑩ 放入圣女果和剩余的猕猴桃即可。

9

10

喂养·小·贴士

燕麦片是大脑的优质营养补充剂，有健脑益智的功效。

鲜虾花蛤蒸蛋羹

材料：

花蛤肉 65 克

虾仁 40 克

鸡蛋 2 个

葱花少许

调料：

盐 2 克

鸡粉 2 克

料酒 4 毫升

做法：

① 虾仁由背部切开，去除虾线，切小段。

② 把虾仁装入碗中，放入洗净的花蛤肉。

③ 淋入少许料酒，加适量盐、鸡粉，拌匀，腌渍约 10 分钟。

④ 鸡蛋加少许鸡粉、盐，打散调匀。

⑤ 倒入少许温开水，快速搅拌匀。

⑥ 加入腌好的虾仁、花蛤肉，拌匀，备用。

⑦ 蒸锅上火烧开，放入蒸碗。

⑧ 加盖，用中火蒸约 10 分钟，至熟透。

⑨ 揭盖，取出蒸碗。

⑩ 撒上葱花即可。

喂养·小·贴士

花蛤肉具有滋阴明目、软坚化痰、补钙、补锌等功效。

鱼肉蛋花粥

材料：

鱼肉 200 克

鸡蛋 60 克

大米 100 克

调料：

食用油适量

盐适量

料酒适量

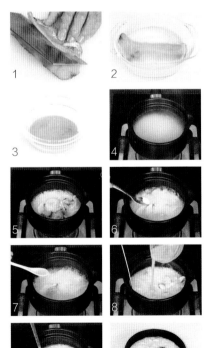

做法：

① 将鱼去骨。

② 放入清水中洗净，切成片，用料酒、盐腌制 10 分钟。

③ 鸡蛋磕入碗中，打散。

④ 锅中注入适量清水，倒入洗净的大米。

⑤ 待大米熟软时放入鱼片。

⑥ 加入盐，搅拌均匀。

⑦ 加入食用油，搅拌均匀。

⑧ 倒入鸡蛋液。

⑨ 边煮边搅拌至形成蛋花。

⑩ 关火盛出即可。

喂养·小贴士

鱼肉嫩而不腻，还能开胃、滋补身体，婴幼儿适合多吃。

11~12 个月断奶结束
——辅食品种更丰富

香甜翡翠汤

材料：

香菇、西蓝花各 10 克，鸡肉、豆腐各 20 克，鸡蛋 50 克

调料：

盐少许

做法：

① 香菇洗净去蒂，切成细丝。

② 鸡肉洗净，切成粒。

③ 豆腐洗净，用勺子压成豆腐泥。

④ 西蓝花洗净，用热水焯熟后，切成碎末。

⑤ 取生鸡蛋，磕入碗中，搅拌均匀。

⑥ 锅置火上，加清水煮沸。

⑦ 放入香菇丝、鸡肉粒，搅拌均匀至煮沸。

⑧ 倒入豆腐泥、西蓝花、蛋液。

⑨ 盖上锅盖，焖煮 3 分钟左右，揭盖。

⑩ 放入少许盐，搅拌均匀即可。

喂养小贴士

香菇具有增强免疫力、保护肝脏、帮助消化等功效。

香菇鸡肉球汤

材料：

鸡腿肉、胡萝卜各30克，香菇10克，
鸡汤100毫升

1
2
3
4
5
6
7
8
9
10

做法：

① 鸡腿肉剔去腿骨，剁碎。

② 胡萝卜洗净去皮。

③ 胡萝卜切片，改切成碎末。

④ 香菇洗净。

⑤ 香菇切成末。

⑥ 取一干净大碗，放入上述材料。

⑦ 加盐，搅拌均匀至黏稠状，捏成小球。

⑧ 锅置火上，加入适量鸡汤煮沸，放入鸡肉球，煮熟。

⑨ 放入盐，搅拌均匀。

⑩ 关火，盛入碗中即可。

喂养·小·贴士

鸡肉对营养不良、畏寒怕冷、贫血等症有良好的食疗作用。

菠菜蛋黄粥

鸡蛋含有丰富的优质蛋白,可以补充宝宝身体所需的营养。

材料:

菠菜 100 克,水发大米 130 克,香菇 25 克,蛋黄 30 克

做法:

❶ 砂锅中注清水烧开,倒入洗净的大米,盖上盖,烧开后转小火煮约 40 分钟。

❷ 揭盖,倒入香菇碎,拌匀,煮出香味。

❸ 再倒入备好的蛋黄,边倒边搅拌,续煮一会儿,至食材熟即可。

紫米糊

紫米有补血益气、健肾润肝的功效,很适合生长发育期的婴幼儿食用。

材料:

胡萝卜 100 克,粳米 80 克,紫米 70 克,核桃粉 15 克,枸杞 5 克

做法:

❶ 用榨汁机"干磨"功能把洗好的粳米、紫米磨成米粉。

❷ 把去皮洗净的胡萝卜切成小颗粒状,放入汤锅中煮沸至熟软。

❸ 再倒入米粉、核桃粉搅匀,以大火煮沸,撒上枸杞,关小火搅拌煮成米糊,撒上核桃粉即可。

小米芝麻糊

材料：

水发小米 80 克，黑芝麻 40 克

做法：

❶ 取杵臼把黑芝麻捣成末，装盘待用。

❷ 砂锅中注适量清水烧开，倒小米烧开后改小火煮 30 分钟至熟。

❸ 倒入芝麻碎，搅匀，煮 15 分钟至入味即可。

藕粉糊

材料：

藕粉 120 克

做法：

❶ 将藕粉倒入碗中，倒入少许清水，搅拌匀，待用。

❷ 砂锅中注入适量清水烧开，倒入藕粉汁，边倒边搅拌，至其呈糊状。

❸ 用中火略煮片刻，关火后盛出即可。

萝卜糯米糊

材料：

水发糯米 150 克，白萝卜 90 克

做法：

❶ 白萝卜洗净去皮切丁与糯米一起放入烧开水的奶锅中搅散。

❷ 烧开后改小火煮约 45 分钟至食材熟透盛出，倒入榨汁机中以二档搅碎。

❸ 将萝卜糊倒入置于旺火上的奶锅中边煮边搅拌，待食材沸腾后关火即可。

鱼肉拌茄泥

茄子有清热解暑的作用，适合容易长痱子的幼儿食用。

材料：

茄子半个，净鱼肉 30 克

调料：

盐、芝麻油各少许

做法：

1. 茄子洗净，放入蒸锅中蒸熟，去皮压成茄泥。
2. 净鱼肉切成小粒，用热水焯熟。
3. 将晾凉后的茄泥与鱼肉混合，加入一点点盐和芝麻油即可。

炒红薯泥

红薯富含钾、叶酸、胡萝卜素、维生素 C 等成分，有助于预防心血管疾病。

材料：

去皮熟红薯 300 克

调料：

食用油适量，白糖 30 克

做法：

1. 红薯装进保鲜袋中擀成泥状。
2. 用油起锅，放入红薯泥，搅散。
3. 倒入白糖，炒约 2 分钟至白糖与红薯泥完全融合即可。

大米红豆软饭

材料：

红小豆 10 克，大米 30 克

做法：

❶ 红小豆洗净，放入清水中浸泡 1 小时；大米洗净备用。

❷ 将红小豆和大米一起放入电饭锅内，加入适量水，大火煮沸。

❸ 转中火熬至米汤收尽、红小豆酥软时即可。

清蒸豆腐丸子

材料：

豆腐 180 克，鸡蛋 1 个，面粉 30 克，葱花少许

调料：

盐 2 克，食用油少许

做法：

❶ 把洗净的豆腐用打蛋器搅碎，鸡蛋取蛋黄，搅散再调入少许盐，撒上葱花。

❷ 搅拌至盐溶化，倒入适量面粉，拌匀至起劲，制成面糊。

❸ 把面糊制成豆腐丸子，装入抹上食用油的盘子再放入蒸锅蒸 5 分钟至熟即成。

蒸鱼饼

材料：

鱼 200 克，豆腐 100 克

调料：

豆酱汁、盐各适量

做法：

❶ 把鱼去皮去骨刺后研碎，与豆腐泥混合均匀做成小饼。

❷ 鱼饼放入蒸锅蒸熟。把鱼汤煮开后加入少许豆酱汁、盐。

❸ 最后把蒸过的鱼饼放入鱼汤内煮熟。

糊南瓜

材料：

南瓜 900 克，葱 7 克，蒜头 17 克，蒸肉米粉 50 克，糖 10 克

调料：

盐 3 克，食用油适量

做法：

① 南瓜去皮去瓜瓤切块，蒜头剁成末。

② 热锅注油烧热，蒜末爆香放南瓜，撒适量盐炒匀。

③ 注水焖煮 8 分钟放蒸肉米粉加白糖和葱花搅匀即可。

猪肝丸子

材料：

猪肝 15 克，面包粉 15 克，葱头 15 克，鸡蛋液 15 克，西红柿 15 克

调料：

色拉油 15 克，番茄酱少许，淀粉 8 克

做法：

① 将猪肝剁泥、葱头切碎，放一碗内加入面包粉、鸡蛋液、淀粉拌匀成馅。把肝泥馅挤成丸子，下入锅内煎熟。

② 将切碎的西红柿和番茄酱炒至半糊状倒在丸子上即可。

碎菜牛肉

材料：

嫩牛肉、西红柿各 30 克，菠菜叶 20 克，胡萝卜 15 克，黄油、高汤各适量

调料：

盐各适量

做法：

① 将牛肉切碎煮熟；胡萝卜去皮切丁煮软。

② 把菠菜叶焯 3 分钟，捞出沥干切碎；西红柿去皮切末。

③ 黄油放入锅内烧热，依次放胡萝卜、西红柿、碎牛肉、菠菜炒匀，加入高汤和盐煮烂即可。

豆腐蒸蛋

材料：
鸡蛋1个，豆腐75克，葱花3克

调料：
盐3克，芝麻油、玉米油少许

做法：

❶ 鸡蛋的蛋黄取出来，放在不锈钢的小碟子里。

❷ 豆腐用勺子弄碎，和鸡蛋放在一起，放适量温水。

❸ 加几滴玉米油和芝麻油与少许盐，搅拌均匀，放入蒸锅中蒸10分钟左右即可。

清炖鱼汤

材料：
沙光鱼300克，豆腐75克，油菜20克，姜片10克，葱花3克

调料：
盐3克，水淀粉4毫升，料酒4毫升，食用油适量

做法：

❶ 沙光鱼片加盐、水淀粉、姜片、食用油、料酒，腌渍。

❷ 倒入电饭锅，注水煲30分钟。加入豆腐、油菜，拌匀再焖10分钟，撒上葱花即可。

鱼泥西红柿豆腐

材料：
豆腐130克，西红柿60克，草鱼肉60克，姜末、蒜末、葱花各少许

调料：
番茄酱10克，白糖6克

做法：

❶ 豆腐压泥，草鱼肉切丁蒸熟压成泥，西红柿去蒂蒸熟去皮剁碎。

❷ 姜末、蒜末爆香，倒入鱼肉泥拌炒，倒豆腐泥炒匀。

❸ 加番茄酱，倒水，下西红柿、白糖拌匀，撒上葱花即可。

Chapter 2　1~3 岁 聪明宝宝喂养经

1 岁之后，宝宝开始长牙，也逐渐从吃辅食过渡到和爸爸妈妈一起吃饭了。虽然宝宝可以吃的食物变多了，但牙齿发育还不太齐全。所以，根据宝宝的成长状况，制定和选择适合自家宝宝的营养餐是非常重要的。

健康饮食牙齿棒

1~3 岁正是宝宝开始长牙的关键时期，预防龋齿应从宝宝开始。健康营养的宝宝餐不仅能补充宝宝的所需营养，同时还能锻炼宝宝的咀嚼能力，促进宝宝的牙齿发育。

1~3岁宝宝牙齿发育特点

宝宝从出生到最后长大成人需要经历两次长牙，也就是人们经常说的乳牙和恒牙。乳牙一般在宝宝 6 个月就会开始长，正常情况下，两三岁的时候，乳牙就会全部长好。乳牙对宝宝来说至关重要！因为乳牙是否健康，不仅对日后恒牙的生长和美观有着直接的影响，还会影响到孩子咀嚼能力的强弱。

宝宝第一颗牙萌出时间在 6~10 个月期间，一般是下颌乳牙萌出先于上颌，到两岁半左右，20 颗乳牙就会全部萌出完毕。

这段时间内，宝宝可能会爱啃手指、硬物，这是由于牙齿萌出刺激牙龈引起的，还有可能出现牙龈红肿，引起口腔黏膜发炎，家长可以通过及时给宝宝清理口腔卫生来缓解，这些都是乳牙萌出的正常症状，但严重时可能会引起发热，必要时需要立即就医。

而牙龈的神经末梢受到刺激，导致唾液分泌也会明显增加，及时擦拭即可。牙龈发痒引起的宝宝情绪不稳定，导致宝宝厌食、晚上容易哭闹，则可以通过定点喂食、减少白天睡眠时间来缓解。

刷头要窄小，易于深入宝宝的口腔内部

握柄要较粗胖，不易滑落

2~3 岁

从饮食中保护宝宝牙齿健康

保护宝宝的牙齿，要从乳牙开始，父母不仅要让宝宝从小养成良好的刷牙习惯，还应该从饮食入手，在宝宝长牙时期吃对食物，也可以帮助宝宝拥有一口健康漂亮的牙齿。

1. 钙和磷是构成牙齿的基础，氟能抑制细菌增长。长牙期应多补充钙和磷（奶制品、乳类、粗粮、肉、鱼、蜂蜜等食物）。

2. 食物中如需加糖，最好使用未经精制的红糖或果糖，睡前饮些开水，并使用婴儿刷清洁口腔乳牙。

3. 宝宝食物要多样化，以提供牙齿发育所需要的丰富营养物质。蛋白质对牙齿的构成、发育、钙化、萌出有着重要的作用；维生素可以调整人体机能：富含维生素 D 的食物主要有干果类、鱼肉类，并且适量晒太阳，以补充人体所需；富含维生素 C 的食物主要有柑、橘、生西红柿、卷心菜或其他绿色蔬果；此外，其他如维生素 A 或维生素 B 族也应注意补充。

4. 还要注意多咀嚼粗纤维性食物，如蔬菜、水果、豆角、瘦肉等，咀嚼时这些食物中的纤维能摩擦牙面，去掉牙面上附着的菌斑。

5. 事实上，龋齿并不是吃糖多少的问题，关键在宝宝吃糖的频率。比如 10 块糖分 10 次吃的话，口腔产生的酸会慢慢腐蚀宝宝的牙齿，但如果是一次性吃完漱口的话，就不会造成反复的腐蚀了。因此，建议家长要控制好宝宝吃糖的频率，或者在宝宝吃完糖之后及时给宝宝喝水，起到稀释的作用。

1~1.5 岁牙齿初长期
——细嚼慢咽，有滋有味

鸡肉芹菜汤

材料：

鸡肉 30 克

芹菜 20 克

鸡汤适量

调料：

盐适量

做法：

1 鸡肉去除筋膜，切成末。

2 洗净的芹菜切成末。

3 将鸡肉、芹菜、鸡汤倒入锅中煮开，加入少许盐调味即可。

喂养·小·贴士

芹菜含有蛋白质、胡萝卜素、B 族维生素等成分。

红豆汤

材料：

水发红豆 150 克

调料：

冰糖 20 克

做法：

1 砂锅中注入清水烧开，倒入洗净的红豆。

2 盖上盖，烧开后用小火煮约 60 分钟，至食材熟透，揭盖，撒上冰糖，搅拌匀至糖分溶化。

3 关火后盛出煮好的红豆汤，装在碗中即成。

喂养·小·贴士

红豆具有补血、利尿、通气除烦等功效。

虾仁什锦菜

材料：

虾 90 克，豆腐 50 克，嫩豌豆苗、香菇各 10 克，香菜末适量

调料：

生抽、芝麻油、盐各少许

做法：

① 锅置火上，注入适量清水煮沸，放入小虾煮熟。

② 豆腐片去外衣，切成小粒。

③ 嫩豌豆苗洗净。

④ 豌豆苗用刀切碎。

⑤ 香菇去蒂，洗净，切成丁。

⑥ 虾去壳，挑去虾线。

⑦ 锅置火上，注入适量清水煮沸，倒入香菇末。

⑧ 加入虾、豆腐、豆苗。

⑨ 煮 5 分钟左右，加入生抽、香菜末、芝麻油、盐调味。

⑩ 关火后盛出即可。

喂养·小·贴士

虾肉质松软，易消化，对身体虚弱以及病后需要调养的人是极好的食物。

丝瓜虾皮汤

材料：

去皮丝瓜 180 克，虾皮 40 克

调料：

盐 2 克，芝麻油 5 毫升，食用油适量

做法：

1. 去皮丝瓜切段，再切成片待用。
2. 热锅注油烧热，倒入丝瓜，炒软，注入适量清水煮沸。
3. 放入虾皮、盐，搅拌调味，盛出淋上芝麻油即可。

彩丝蛋汤

材料：

鹌鹑蛋100克，火腿20克，胡萝卜、黄瓜各10克，高汤适量

调料：
盐适量

做法：

1. 胡萝卜、黄瓜洗净切丝；火腿切丝；鹌鹑蛋煮熟后去壳。
2. 锅中倒入适量高汤，放入火腿、胡萝卜、黄瓜，拌匀煮开。
3. 再将鹌鹑蛋放入，煮开后放入少许盐调味即可。

莴笋叶豆腐汤

材料：

嫩豆腐 100 克，莴笋叶 50 克

调料：

盐 2 克，芝麻油少许

做法：

1. 莴笋叶切段，放入开水中汆烫片刻，捞出待用。
2. 嫩豆腐切片，放入开水中略煮片刻，捞出沥干。
3. 锅中注水烧开，倒入豆腐、莴笋叶、盐，煮沸撇去浮沫。
4. 将煮好的汤盛出装入碗中，滴入芝麻油即可。

腊肠西红柿汤

材料：

西红柿 100 克，腊肠 40 克

调料：

鸡粉 2 克，盐少许

做法：

❶ 洗净的西红柿切片，改切成丁；洗好的腊肠切成条，改切成小丁块，备用。

❷ 用油起锅，倒入切好的腊肠丁，炒匀炒香，放入西红柿丁，炒至变软。

❸ 倒入适量的清水，盖上盖，用中火煮约 2 分钟揭盖，加入鸡粉、盐调味。搅拌至食材入味即可。

鲜鱼麦片粥

材料：

燕麦片 170 克，芹菜碎 60 克，鲜鱼肉 90 克，姜丝少许

调料：

盐 2 克

做法：

❶ 锅中注入适量清水大火烧开，倒入备好的燕麦片，搅拌匀，用大火煮 2 分钟。

❷ 倒入鲜鱼肉、姜丝，搅拌匀略煮片刻，倒入芹菜碎，搅拌匀，加入盐，搅匀调味即可。

双米银耳粥

材料：

水发小米 120 克，水发大米 130 克，水发银耳 100 克

做法：

1 洗好的银耳切去黄色根部，再切成小块，备用。

2 砂锅中注入清水烧开，倒入洗净的大米、小米，搅匀，放入银耳，继续搅拌匀。

3 盖上盖，烧开后用小火煮 30 分钟，揭开盖，把煮好的粥盛出，装入汤碗中即可。

香菇黑枣粥

材料：

大米 75 克，香菇 150 克，黑枣 50 克

调料：

盐适量

做法：

1 香菇用适量温水泡发，再切成块状。

2 备好的黑枣去核。

3 锅中注入适量清水，倒入大米煮成粥，加入香菇、黑枣，拌匀。

4 食材煮熟后加入少许盐调味即可。

八宝粥

八宝粥是一道能够补铁补血、养心安神的美味营养粥。

材料：

粳米、燕麦米、黑米、红豆、玉米片、花生、燕麦片、糙米各适量

调料：

白糖适量

做法：

❶ 将所有食材装入碗中，注入适量清水泡发 20 分钟，再将水滤去，装入碗中。

❷ 砂锅中注入清水，倒入食材，搅匀，盖上锅盖，烧开转小火煮 20 分钟。

❸ 掀开锅盖，搅拌后加盖，再续煮 20 分钟至食材熟透，将粥盛入碗中即可。

淡菜粥

淡菜含有蛋白质、钙、磷、铁、锌等营养成分，具有补五脏等功效。

材料：

水发大米 140 克，水发淡菜 70 克，竹笋 80 克

调料：

盐 2 克

做法：

❶ 洗净的竹笋切片，再切丝，改切成粒，备用。

❷ 砂锅中注入适量清水烧热，倒入洗净的淡菜，放入大米、竹笋，搅拌均匀。

❸ 盖上盖，烧开后用小火煮约 30 分钟至食材熟透，加入少许盐，拌匀调味即可。

蜂房粥

喂养·小·贴士

蜂房含有蜂蜡、有机酸、脂肪酸等成分，具有祛风、攻毒、止痛等功效。

材料：

蜂房 20 克，水发大米 100 克

调料：

盐少许，蜂蜜适量

做法：

❶ 砂锅中注入清水烧开，倒入蜂房，加盖，烧开后用小火煮约 20 分钟，揭开盖，捞出蜂房。

❷ 倒入大米，拌匀，盖上盖，烧开后用小火煮约 35 分钟，至大米熟透，关火后盛出煮好的粥，加入少许蜂蜜调匀即可。

鳕鱼粥

喂养·小·贴士

鳕鱼含有幼儿发育所需的多种氨基酸，极易消化吸收，有助于身体发育。

材料：

鳕鱼肉 120 克，水发大米 150 克

调料：

盐少许

做法：

❶ 鳕鱼放入蒸锅，中火蒸 10 分钟至熟，取出放凉，将其压成鱼泥。

❷ 砂锅中注入适量清水烧开，倒入大米，搅拌均匀，加盖，烧开后小火煮约 30 分钟至大米熟软。

❸ 揭开锅盖，倒入鳕鱼肉，搅拌匀，加入少许盐，拌匀，煮至其入味即可。

海参粥

海参含有蛋白质、B族维生素、钙、钾、锌、铁、硒、锰等营养成分。

材料：

海参300克，粳米250克，姜丝少许

调料：

盐、鸡粉各2克，芝麻油少许

做法：

❶ 洗净海参切开，去除内脏，再切成丝。

❷ 海参略煮去除腥味，捞出装盘待用。

❸ 砂锅中注入清水烧热，倒入洗好的粳米，盖上盖，大火煮开后小火煮40分钟熟软，揭盖，加入盐、鸡粉，拌匀。

❹ 倒入汆过水的海参，放入姜丝，拌匀，盖上盖，续煮10分钟至食材入味。

❺ 淋入芝麻油，拌匀，盛出装碗即可。

黄瓜粥

黄瓜具有安神定志、清热解毒、增强免疫力等功效。

材料：

黄瓜85克，水发大米110克

调料：

盐、芝麻油各适量

做法：

❶ 洗净的黄瓜切成小丁块，备用。

❷ 砂锅注水烧开，倒入洗净的大米拌匀。

❸ 盖上锅盖，煮开后用小火煮30分钟，揭盖，倒入黄瓜，拌匀，煮至沸。

❹ 加入少许盐，淋入适量芝麻油，搅拌至食材入味。

西红柿通心面

西红柿具有生津止渴、健胃消食、凉血平肝、清热解毒、降低血压等功效。

材料：

通心面100克，西红柿、豆腐各50克，肉馅、青豆各10克，土豆40克，白糖3克，胡萝卜适量

调料：

盐、食用油各适量

做法：

① 西红柿去皮切丁；土豆去皮切丁；豆腐切丁；胡萝卜切丁。

② 土豆、青豆分别放入水中焯煮一会儿。

③ 肉末炒散，放入西红柿、土豆、胡萝卜丁煸炒片刻。

④ 豆腐丁、青豆、通心面放入沸水锅中，煮至面熟软，加盐拌匀盛出即可。

豆芽荞麦面

荞麦含有丰富的膳食纤维，幼儿食用荞麦面，对保护视力很有帮助。

材料：

荞麦面90克，大葱40克，绿豆芽20克

调料：

盐3克，生抽3毫升，食用油2毫升

做法：

① 豆芽切段；大葱切碎；荞麦面折小段。

② 锅中注水烧开，加入盐、食用油、生抽。

③ 倒入荞麦面，拌匀搅散至调味料溶于汤汁中，加盖，用小火煮4分钟至熟软。

④ 取下盖子，放入洗净的绿豆芽煮至其变软，再煮片刻至全部食材熟透。

⑤ 关火后盛出煮好的食材，放在碗中，撒上大葱片，浇上少许热油即可。

鱼丸挂面

材料：
生菜 20 克，鱼丸 55 克，鸡蛋 1 个，葱花少许

调料：
盐 2 克，鸡粉 1 克，胡椒粉 2 克，食用油适量

做法：

❶ 洗净的生菜切碎；鸡蛋打碗中，打散调匀，制成蛋液。

❷ 热锅注油，倒入蛋液炸约 1 分钟，制成蛋酥，捞出。

❸ 锅底留油倒水，挂面煮至软，倒鱼丸，加盐、鸡粉调味，煮约 1 分钟，撒胡椒粉、生菜、蛋酥，煮至食材熟透。

鸡肝面条

材料：
鸡肝 50 克，面条 60 克，小白菜 50 克，蛋液少许

调料：
盐 2 克，鸡粉 2 克，食用油适量

做法：

❶ 将洗净的小白菜切碎；把面条折成段。

❷ 锅中注水烧开，放鸡肝加盖煮熟，捞出放凉剁碎。

❸ 锅中注水烧开，放入食用油、盐、鸡粉、面条，小火煮 5 分钟后放小白菜、鸡肝煮至沸，倒蛋液煮沸即可。

什锦豆浆拉面

材料：

猪瘦肉 80 克，水发木耳 35 克，黄豆芽 55 克，生菜 35 克，豆浆 300 毫升，面条 65 克，熟白芝麻少许

调料：

盐 2 克，水淀粉 7 毫升，芝麻油适量

做法：

❶ 猪瘦肉切细丝加盐、水淀粉、芝麻油，拌匀腌渍入味。

❷ 瘦肉、木耳煮至断生，下面条、黄豆芽、生菜煮软。

❸ 碗内加盐、热豆浆，倒入锅中的食材，撒熟白芝麻即可。

奶油豆腐

材料：

奶油 30 克，豆腐 200 克，胡萝卜、葱花
各少许

调料：

盐少许，食用油适量

做法：

① 将洗净的胡萝卜切丝，再切成粒。

② 洗好的豆腐切成小块。

③ 锅中注入适量清水烧开，倒入豆腐，煮沸。

④ 加入胡萝卜粒，煮 1 分 30 秒至其八成熟。

⑤ 捞出焯煮好的豆腐和胡萝卜粒，沥干水分，装
入盘中，备用。

⑥ 另起锅，注油烧热，倒入豆腐和胡萝卜粒。

⑦ 加入备好的奶油，将豆腐和奶油快速拌炒匀。

⑧ 调入少许盐，炒匀。

⑨ 用锅铲稍稍按压豆腐，使其散碎。

⑩ 把炒好的食材盛出，装入碗中，撒上葱花即可。

喂养小贴士

宝宝常食豆腐，可清
热润燥、生津止渴、
清洁肠胃，热性体质
的宝宝更适宜食用。

洋葱鸡肉饭

材料:

洋葱 50 克,鸡肉 50 克,大米 50 克

调料:

盐 2 克,食用油适量

做法:

❶ 洗净的洋葱去皮切碎。

❷ 洗净的鸡肉切成碎末。

❸ 锅中注入适量清水,倒入大米。

❹ 加盖煮至大米熟软。

❺ 热油起锅,倒入鸡肉末,翻炒至转色。

❻ 倒入洋葱碎,快速翻炒出香味。

❼ 放入少许盐,翻炒调味。

❽ 加入熟米饭。

❾ 快速翻炒松散。关火,盖上锅盖,焖 5 分钟。

❿ 将炒好的米饭盛出装入碗中即可。

喂养·小·贴士

洋葱含有蛋白质、B族维生素、维生素C、膳食纤维以及钙、磷、锌、硒等营养元素。

爆炒鳝段

材料：

鳝段 400 克

葱花适量

姜末适量

蒜末适量

调料：

淀粉适量

料酒适量

白糖适量

生抽适量

醋适量

做法：

① 鳝鱼洗净、去骨。

② 把去骨的鳝鱼切成段。

③ 拍上淀粉，装于碗中备用。

④ 油锅烧热，下入鳝段拨散。

⑤ 炸至皮脆时捞出。

⑥ 底油烧热，放入蒜末、葱花、姜末，煸炒出香味。

⑦ 倒入鳝段略炒。

⑧ 加入料酒略炒。

⑨ 加入白糖、生抽、醋，炒匀。

⑩ 用水淀粉勾芡，关火盛出即可。

喂养·小·贴士

鳝鱼含有蛋白质、卵磷脂、维生素 A、B 族维生素等营养成分，具有益智健脑等功效。

鲜肉馄饨

材料：

猪瘦肉 100 克

馄饨皮 20 张

鸡蛋 1 个

肉汤适量

紫菜适量

葱末适量

调料：

盐适量

做法：

1. 猪瘦肉洗净、切片，改切成末。
2. 紫菜撕碎、洗净。
3. 鸡蛋磕入碗中，搅散成蛋液。
4. 取一大碗，倒入肉末、盐、葱末、蛋液。
5. 搅拌均匀，制成肉馅。
6. 取馄饨皮，包入肉馅，制成馄饨生坯。
7. 锅置火上，加适量肉汤煮沸。
8. 放入馄饨生坯，煮沸后转小火。
9. 倒入紫菜，煮 2 分钟左右。
10. 加入盐搅匀即可。

喂养小贴士

猪肉营养丰富，蛋白质含量高，还含有丰富的脂肪、维生素 B_1、钙、磷、铁等成分。

怪味菠菜沙拉

材料：

菠菜 200 克

调料：

花椒、芝麻酱、盐、醋、生抽、芝麻油各适量

做法：

1. 菠菜洗净，除去老叶和根部。
2. 用刀切成段。
3. 锅中注入适量清水煮沸。
4. 放入菠菜段焯煮片刻后捞出。
5. 取一大碗，倒入芝麻酱，加少许生抽、醋调匀。
6. 炒锅烧干，放入花椒炒出香味。
7. 盛出后用擀面杖压成碎末。
8. 将菠菜放入碗中。
9. 加适量芝麻酱、花椒。
10. 加少许盐、芝麻油，搅拌均匀即可。

喂养·小·贴士

菠菜含有蛋白质、粗纤维、胡萝卜素、尼克酸、泛酸、叶酸以及磷、铁等微量元素。

猪肝卷心菜卷

材料：

猪肝、豆腐、胡萝卜各 20 克，卷心菜 50 克

调料：

盐、淀粉各适量

1
2
3
4
5
6
7
8
9
10

做法：

1. 猪肝洗净，剁成泥。
2. 胡萝卜洗净，切成碎末。
3. 锅中注入适量清水烧沸，放入卷心菜叶，焯煮至熟软。
4. 取一大碗，加入猪肝泥、压碎的豆腐泥、胡萝卜碎。
5. 加入少许盐。
6. 搅拌均匀，制成馅料。
7. 取卷心菜叶，放入适量馅料。
8. 包裹好，放入盘中。
9. 蒸锅中注入适量清水，放卷心菜卷在蒸盘上。
10. 蒸熟后取出即可。

喂养小·贴士

猪肝含有蛋白质、维生素 A、钙、磷、硒、铁、锌等营养成分。

海米冬瓜

材料：

冬瓜 500 克

海米 10 克

葱适量

姜适量

调料：

盐适量

料酒适量

食用油适量

做法：

① 冬瓜洗净，去皮去瓤，切片。

② 海米放入清水中泡发。

③ 葱、姜分别切丝。

④ 锅烧热倒油，放入葱、姜煸出香味。

⑤ 放入海米，炒匀。

⑥ 注入适量清水。

⑦ 下入冬瓜。

⑧ 加入适量料酒。

⑨ 盖上锅盖，煮至冬瓜熟软。

⑩ 加盐，搅拌均匀，盛出即可。

喂养小贴士

冬瓜具有利尿消肿、清热生津、解暑除烦等
功效；海米是钙的较好来源。

乌龙面蒸蛋

材料：

乌龙面 85 克

鸡蛋 40 克

水发豌豆 45 克

高汤 120 毫升

调料：

盐适量

做法：

1. 砂锅中注入适量清水烧开，放入洗净的豌豆。
2. 盖上盖，用中火煮约 10 分钟，至其断生，揭盖，捞出豌豆，待用。
3. 将乌龙面切成小段。
4. 把鸡蛋打入碗中，搅散、调匀。
5. 加入少许上汤，拌匀。
6. 倒入乌龙面、豌豆，加少许盐、拌匀，待用。
7. 取一蒸碗，倒入拌好的材料，备用。
8. 蒸锅上火烧开，放入蒸碗。
9. 盖上盖，用中火蒸约 10 分钟，至食材熟透。
10. 揭盖，取出蒸好的食材即可。

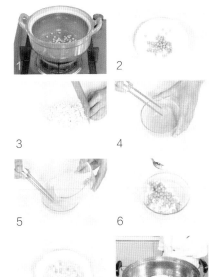

喂养·小·贴士

乌龙面易于消化吸收，含有蛋白质、碳水化合物等营养成分，能改善贫血、增强免疫力。

奶汤小排骨

材料：

猪小排 200 克，胡萝卜 50 克，蘑菇、西芹各 20 克，鲜牛奶 250 毫升

调料：

米酒 5 毫升，盐、食用油各适量

做法：

1. 洗净的小排切成小块。
2. 处理好的胡萝卜、西芹切成小片。
3. 洗净的蘑菇切成小块。
4. 锅中注水烧开，小排汆烫去除血水，捞出沥干。
5. 热锅注油烧热，倒入排骨，翻炒片刻，倒入汤锅备用。
6. 将胡萝卜、西芹倒入油锅中，翻炒片刻，倒入汤锅。
7. 汤锅内注入适量清水，大火烧开。
8. 倒 150 毫升的牛奶，用小火将排骨焖煮熟软。
9. 放蘑菇和剩下的牛奶，继续小火将食材煮熟。
10. 待食材均熟软，放入少许盐调味即可。

喂养小贴士

猪小排可提供给人体生理活动必需的优质蛋白质、脂肪，尤其是丰富的钙质。

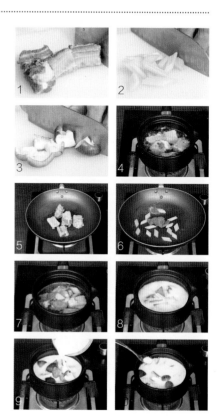

青菜溜鱼片

材料：

青菜 80 克，大黄鱼肉 180 克、高汤、姜丝各适量

调料：

盐、白糖、料酒、水淀粉、鸡粉、食用油、芝麻油各适量

做法：

① 处理好的青菜切碎，待用。

② 大黄鱼肉剔去骨头，片成鱼片。

③ 鱼片装入碗中，放入料酒、盐，拌匀腌制片刻。

④ 热锅注油烧至四成热，倒入鱼片。

⑤ 搅拌片刻至鱼肉转色，将其捞出待用。

⑥ 锅底留油，倒入青菜，翻炒片刻。

⑦ 倒入高汤。

⑧ 加入盐、鸡粉、白糖，拌匀。

⑨ 加入鱼片，翻炒片刻，淋入少许水淀粉，翻炒勾芡。

⑩ 滴入少许芝麻油提香，装入碗中即可。

喂养·小·贴士

> 黄鱼富含蛋白质、维生素 A、钙、镁、磷等营养物质，适宜免疫力低的人群食用。

鱼肉蛋饼

材料：

草鱼肉 90 克

鸡蛋 1 个

葱末少许

调料：

盐少许

西红柿汁少许

水淀粉少许

食用油适量

做法：

① 将洗净的鱼肉切成片，装入盘中，待用。

② 将鱼肉片放入烧开的蒸锅中，盖上盖，用中火蒸 8 分钟至熟。

③ 将蒸好的鱼肉取出。

④ 把鱼肉压碎，剁成鱼肉末。

⑤ 鸡蛋用筷子打散，放入少许葱末，搅拌匀。

⑥ 倒入鱼肉末，搅拌均匀。

⑦ 放入少许盐、水淀粉，拌匀调味。

⑧ 煎锅注入适量食用油，倒入鸡蛋鱼肉糊，用锅铲抹平，用小火煎至成型，煎出焦香味。

⑨ 翻面，煎至蛋饼呈微黄色。

⑩ 将煎好的鱼肉鸡蛋饼盛出装盘，再挤上少许西红柿汁即可。

喂养·小贴士

草鱼含有丰富的硒元素，肉嫩而不腻，可以开胃、滋补，幼儿宜常食。

1.5~3 岁牙齿成熟期
——合理搭配，营养全面

松仁豆腐

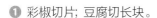

材料：

松仁 15 克
豆腐 200 克
彩椒 35 克
干贝 12 克
葱花、姜末各少许

调料：

盐 2 克
料酒 2 毫升
生抽 2 毫升
老抽 2 毫升
水淀粉 3 毫升
食用油适量

做法：

❶ 彩椒切片；豆腐切长块。
❷ 松仁炸香捞出，待用。
❸ 油六成热，放豆腐块，炸至豆腐呈微黄色捞出。
❹ 姜末爆香，放干贝、料酒、彩椒，加水，放盐、生抽、老抽，拌匀加豆腐块。
❺ 至汤汁浓稠，盛出，撒上松仁、葱花即可。

喂养·小·贴士
> 松仁是婴幼儿益智健脑和促进生长发育的营养食品。

鳕鱼海苔粥

材料：

水发大米 100 克
海苔 10 克
鳕鱼 50 克

做法：

❶ 鳕鱼切碎；海苔切碎。
❷ 将泡好的大米放入干磨杯中打碎。
❸ 砂锅置火上，倒入米碎，注水，倒鳕鱼，搅匀。
❹ 用大火煮开后转小火煮30 分钟至食材熟软。
❺ 放入海苔，搅匀即可。

喂养·小·贴士
> 鳕鱼能够很好地调理人体机能，增强免疫力。

香蕉奶昔

材料：

香蕉 1 根，圣女果 15 克，牛奶 100 毫升

做法：

① 洗净的圣女果对半切开，再切成小块。

② 香蕉去皮，果肉切成片。

③ 取榨汁机，选搅拌刀座组合，把牛奶倒入杯中， 加入切好的香蕉片，打成汁。

④ 将杯中食材榨成香蕉牛奶汁。

⑤ 把香蕉牛奶汁倒入碗中，再放上切好的圣女果即可。

肉末炒胡萝卜

材料：

猪肉 200 克，胡萝卜 100 克，西蓝花适量

调料：

盐、食用油各适量

做法：

① 西蓝花用盐水中浸泡 10 分钟，切丁，焯煮片刻。

② 胡萝卜切丁，猪肉切末。

③ 热锅注油，放肉末炒散；放入胡萝卜，炒匀。

④ 放入西蓝花，炒匀加盐调味即可。

鱼松粥

材料：

鲈鱼 70 克，油菜 40 克，胡萝卜 25 克，水发大米 120 克

调料：

盐、生抽、食用油各适量

做法：

① 油菜焯煮后捞出；鱼肉、胡萝卜蒸 15 分钟后取出。

② 剔出鱼肉剁碎；油菜剁碎；胡萝卜压烂，剁成泥状。

③ 大米加水煮 30 分钟至熟透后盛出。鱼肉加盐、生抽炒香，放油菜、胡萝卜，炒匀盛放在粥上即可。

西米甜瓜粥

甜瓜含有苹果酸、葡萄糖及多种维生素，具有清热解毒、生津解渴等功效。

材料：

西米 100 克，甜瓜、水发粳米各 50 克

调料：

白糖 15 克

做法：

1. 洗净的甜瓜去皮，切成丁。
2. 西米倒入沸水锅内，煮开后将其捞出，待用。
3. 锅中注入适量清水煮开，倒入西米、甜瓜、粳米。
4. 煮开后转小火续煮成粥，再加入少许白糖调味即可。

鸡丝粥

胡萝卜富含糖类、脂肪、胡萝卜素，幼儿食用胡萝卜，有润肺止咳的作用。

材料：

鸡胸肉 85 克，胡萝卜 40 克，水发大米 100 克，葱花少许

调料：

盐 3 克，水淀粉 6 毫升，食用油 7 毫升，鸡粉少许

做法：

1. 胡萝卜去皮切丝；洗净的鸡胸肉切丝。
2. 把鸡肉丝加入盐、鸡粉、水淀粉，注入食用油，腌渍至入味。
3. 锅中注水烧开，倒入洗净的大米。
4. 煮沸再用小火煮至熟软，倒胡萝卜丝。
5. 放鸡肉丝，用中小火续煮至食材熟透。
6. 加盐、鸡粉搅匀，盛出撒上葱花即成。

芹菜糙米粥

喂养小·贴士

芹菜能加速血液循环，其特殊的香气可以促进食欲。

材料：

水发大米100克，芹菜30克，葱花少许

调料：

盐适量

做法：

❶ 洗净的芹菜切碎，待用。

❷ 砂锅中注入适量的清水烧热，倒入泡发好的糙米，拌匀。

❸ 盖上锅盖，大火煮开后转小火煮45分钟至米粒熟软。

❹ 掀开锅盖，倒入芹菜碎，搅拌匀。

❺ 将煮好的粥盛出装碗，撒上葱花即可。

豆腐豆角粥

喂养小·贴士

豆腐具有补中益气、清热润燥、生津止渴、增强免疫力等功效。

材料：

水发米碎80克，豆腐100克，豆角60克，洋葱30克，海带汤200毫升

调料：

芝麻油少许

做法：

❶ 洗净的洋葱切成粒；洗好的豆腐切成小方块；洗净的豆角剁成细末。

❷ 锅中注水烧开，倒入豆角焯煮后捞出。

❸ 砂锅内倒入芝麻油烧热，放入洋葱，炒匀，再倒入海带汤。

❹ 注水煮至沸，倒入备好的米碎，拌匀。

❺ 烧开后用小火煮至熟，放豆角、豆腐。

❻ 加盖，煮至食材入味，盛出即可。

鸡蛋瘦肉羹

喂养·小·贴士

鸡蛋含有蛋白质、卵黄素、卵磷脂、维生素和铁、钙、钾等营养成分。

材料：

鸡蛋 40 克，猪肉末 100 克，葱花少许

调料：

鸡粉 1 个，盐 2 克，料酒 3 毫升，水淀粉 10 毫升，食用油适量

做法：

1. 鸡蛋打入碗中，打散、调匀，备用。
2. 炒锅中倒入适量食用油，放入备好的猪肉末，炒至变色。
3. 加料酒，炒匀提味，倒水，搅拌均匀。
4. 放入少许鸡粉、盐，拌匀调味。
5. 淋入水淀粉，边倒边搅拌，倒入备好的蛋液，搅散，煮至熟透。
6. 把煮好的食材盛出，撒上葱花即可。

鳕鱼炒饭

喂养·小·贴士

鳕鱼肉质鲜美，对心脑血管系统有很好的保护作用，有利于预防高血压。

材料：

凉米饭 200 克，鳕鱼肉 120 克，胡萝卜 90 克，白兰地 10 毫升，葱花少许

调料：

盐 3 克，鸡粉 2 克，生抽 4 毫升，胡椒粉少许，食用油适量

做法：

1. 胡萝卜去皮切丝；鳕鱼肉切丁。
2. 鱼肉丁加盐、胡椒粉、生抽，腌 30 分钟。
3. 鱼肉丁煎至焦黄色，盛出待用。
4. 胡萝卜略炒，倒入米饭，炒松散，放入鱼肉丁，炒匀。
5. 加入少许盐，撒上鸡粉，炒匀调味，加白兰地，炒匀，放入葱花，炒匀即可。

猕猴桃三文鱼炒饭

三文鱼含有不饱和脂肪酸、蛋白质，具有促进生长发育等功效。

材料：

冷米饭170克，去皮猕猴桃130克，三文鱼90克，蛋液65克，葱花少许

调料：

盐2克，鸡粉2克，白胡椒粉3克，料酒5毫升，生抽5毫升，食用油各适量

做法：

① 猕猴桃切丁；三文鱼去皮，切丁。

② 三文鱼装入碗中，加入适量盐、白胡椒粉、料酒，拌匀，腌渍15分钟，备用。

③ 三文鱼，炒香，倒入米饭，炒散。

④ 倒入蛋液，加入生抽、盐、鸡粉，翻炒。

⑤ 倒入猕猴桃、葱花，炒匀，关火后盛出炒好的米饭，装入碗中即可。

洋葱三文鱼炖饭

大米含有蛋白质、碳水化合物及多种维生素，能补中益气、健脾养胃。

材料：

水发大米100克，三文鱼70克，西蓝花95克，洋葱40克

调料：

料酒4毫升，食用油适量

做法：

① 洗好的洋葱切成小块；三文鱼肉切成丁；洗好的西蓝花切成小朵。

② 洋葱炒匀，放入三文鱼，翻炒片刻。

③ 淋入料酒炒匀，注水煮沸，放入大米。

④ 盖上锅盖，烧开后用小火煮约20分钟，揭开锅盖，倒入西蓝花，搅拌均匀。

⑤ 加盖，用小火煮约10分钟至食材熟透，揭开盖，盛出煮好的米饭即可。

豆粉煎三文鱼

三文鱼中的DHA可以促进宝宝脑部和智力发育。

材料：

三文鱼80克，豆粉适量

调料：

葡萄籽油适量

做法：

1. 处理好的三文鱼片成片。
2. 在三文鱼两面粘上豆粉，待用。
3. 锅中注入适量葡萄籽油烧至五成热。
4. 将鱼片煎3分钟至鱼肉两面熟透。
5. 将煎好的鱼片盛出，装入盘中即可。

素炒什锦

胡萝卜的维生素C的含量特别丰富，而且对小孩子眼睛很有好处。

材料：

黄瓜、胡萝卜、竹笋、荸荠、莴笋各40克

调料：

盐、食用油适量

做法：

1. 黄瓜、胡萝卜、竹笋、荸荠、莴笋分别洗净切丁。
2. 热锅注油，放入胡萝卜煸炒片刻。
3. 放入竹笋、莴笋煸炒片刻。
4. 放入黄瓜、荸荠，炒匀。
5. 加入适量盐调味，关火盛出即可。

汆素丸子

香菇高蛋白、低脂肪，具有提高机体免疫力的功效。

材料：

干香菇、胡萝卜末、豆腐、面粉各100克，紫菜、葱末、姜末各适量

调料：

盐、芝麻油、食用油各适量

做法：

1. 泡发香菇切碎；豆腐汆烫好，压成泥；紫菜洗净撕碎。
2. 将香菇、胡萝卜末、豆腐泥、盐、葱末、姜末、面粉、食用油调成馅。
3. 将馅逐一制成一个个小丸子。
4. 将丸子汆熟。
5. 加入少许盐、紫菜碎，淋入芝麻油调味即可。

鸡丝卷

鸡肉含有丰富的铁质，可改善缺铁性贫血。

材料：

鸡蛋4个，鸡肉100克，面粉适量

调料：

盐、料酒、芝麻油、淀粉、食用油各适量

做法：

1. 鸡肉切成丝，加入淀粉、盐、芝麻油、料酒，拌匀。
2. 鸡蛋打散，加淀粉、面粉，搅拌匀。
3. 平底锅用食用油涂抹，倒入蛋液，用中火摊成鸡蛋薄饼。
4. 将肉丝铺在蛋饼上，卷成蛋卷。
5. 蛋卷放入蒸锅蒸8分钟至熟，晾凉后切成小段即可。

紫菜蛋卷

材料：

鸡蛋 50 克，菠菜、紫菜各 20 克

调料：

盐、生抽、食用油各适量

做法：

① 菠菜去老叶、根部洗净，放入沸水中汆煮断生，撒上少许生抽，腌渍 10 分钟。

② 将紫菜用开水泡开捞出；鸡蛋打入碗中，加入盐，打散搅匀。

③ 煎锅注油烧热，倒入蛋液摊成蛋饼。

④ 放入紫菜、菠菜，将蛋饼卷起定型，取出切成小段装盘即可。

鲜虾芙蓉蛋

材料：

虾仁 40 克，鸡蛋 2 个

调料：

盐适量

做法：

① 鲜虾洗净去虾头和虾壳，挑去虾线，切成粒。

② 鸡蛋打入碗中，打匀搅散。

③ 加入少许盐，注入适量清水，拌匀。

④ 鸡蛋放入蒸锅蒸 4 分钟至半凝固，放入虾仁粒。

⑤ 再续蒸 5 分钟至完全熟透，取出即可。

五彩黄鱼羹

材料：

小黄鱼 200 克，西芹、胡萝卜、松子仁、鲜香菇各 50 克，葱末、姜丝各适量

调料：

食用油、盐、料酒、水淀粉、胡椒粉、芝麻油各适量

做法：

❶ 处理好的小黄鱼剔骨，切成丁。

❷ 洗净的西芹切成丝。

❸ 洗净去皮的胡萝卜切成丝。

❹ 洗净的香菇切成丝。

❺ 热锅注油烧热，倒入葱末、姜丝，炒香。

❻ 倒入适量清水，放入西芹、胡萝卜、香菇。

❼ 再放入松子仁、鱼肉，拌匀煮至熟。

❽ 加入盐、料酒、胡椒粉，搅拌调味。

❾ 倒入水淀粉，搅拌勾芡。

❿ 滴入少许芝麻油，拌匀提香即可。

喂养·小·贴士

西芹含有蛋白质、维生素、芹菜油、铁、锌等成分，有防癌抗癌、增进食欲的作用。

紫菜墨鱼丸汤

材料：

墨鱼肉 150 克，瘦肉 250 克，紫菜 15 克，香菜、葱花各少许

调料：

淀粉、盐、猪油、胡椒粉各适量

1
2
3
4
5
6
7
8
9
10

做法：

① 紫菜洗净用清水泡发，备用。

② 洗净的墨鱼肉、猪肉剁成泥，装入碗中。

③ 将淀粉、盐、猪油加入肉泥内。

④ 顺时针搅拌上劲。

⑤ 把肉泥逐一捏制成丸子，待用。

⑥ 热锅注油烧至七成热，倒入丸子。

⑦ 稍稍搅拌炸至金黄色，将其捞出沥油。

⑧ 锅中注入清水烧开，放入鱼丸、紫菜。

⑨ 大火煮沸后转小火煨 10 分钟。

⑩ 撒入葱花、胡椒粉、香菜末，拌匀即可。

喂养·小·贴士

墨鱼含有蛋白质、B族维生素、多肽、钙、铁等营养成分。

冬笋香菇鱼丸汤

材料：

鱼肉 300 克

冬笋 50 克

嫩菠菜 200 克

鸡蛋 60 克

葱末 10 克

姜丝 10 克

鸡汤 1000 毫升

调料：

鸡油 15 毫升

食用油适量

盐、鸡粉适量

料酒适量

胡椒粉适量

做法：

1. 处理好的冬笋切成薄片。
2. 摘洗好的菠菜切成段。
3. 葱末、姜丝倒入碗中，捣烂，加入料酒，制成葱姜汁。
4. 鱼肉用刀背敲打成鱼泥，加入盐，顺时针搅拌上劲。
5. 加入蛋清、鸡油、葱姜汁，搅拌匀。
6. 锅中注入适量清水烧热，将鱼泥逐一捏成鱼丸放入锅中，煮熟。
7. 热锅注油烧热，倒入笋片、菠菜，炒熟。
8. 锅内注入鸡汤，放入盐、鸡粉，煮开。
9. 倒入鱼丸，撇去浮沫。
10. 煮好的鱼丸盛入汤碗中，加胡椒粉、鸡油即可。

喂养·小·贴士

冬笋含有蛋白质、胡萝卜素、B 族维生素、膳食纤维、钙、磷、铁等营养成分。

鱼肉蒸糕

材料：

草鱼肉 170 克

洋葱 30 克

蛋清少许

调料：

盐 2 克

鸡粉 2 克

生粉 6 克

黑芝麻油适量

做法：

1. 洋葱去皮切段；洗好的草鱼肉去皮，改切成丁。
2. 榨汁杯中倒入鱼肉丁、洋葱、蛋清。
3. 放入少许盐搅成肉泥。
4. 把鱼肉泥取出，装入碗中。
5. 顺一个方向搅拌鱼肉泥，搅至起浆。
6. 放入盐、鸡粉、生粉，拌匀，倒入黑芝麻油，搅匀。
7. 取一个干净的盘子，倒入少许黑芝麻油，抹匀。
8. 将鱼肉泥装入盘中，抹平，再加入少许黑芝麻油，抹匀，制成饼坯。
9. 把饼坯放入蒸锅中，用大火蒸 7 分钟关火。
10. 揭盖，把蒸好的鱼肉糕取出，切小块装盘即可。

喂养·小·贴士

草鱼含有丰富的不饱和脂肪酸，对幼儿心肌、骨骼生长可起到特殊的作用。

肉馅苦瓜

材料：

苦瓜 100 克，猪肉馅、鸡蛋各 50 克

调料：

食用油、面粉、水淀粉、盐、生抽各适量

做法：

① 洗净的苦瓜切段，掏去瓤。

② 锅中注入适量清水烧开，倒入苦瓜煮软后捞出。

③ 将鸡蛋磕入肉馅中，加入面粉、水淀粉、盐，搅匀，逐一填入苦瓜内，两头涂上水淀粉。

④ 热锅注油烧热，倒入苦瓜。

⑤ 炸至淡黄色，捞出。

⑥ 竖着逐一摆入盘子，淋上生抽。

⑦ 蒸锅大火烧开，放入苦瓜。

⑧ 盖上锅盖，大火蒸 8 分钟后将其取出。

⑨ 将盘内苦瓜原汁倒入锅中，加入水淀粉、盐，翻炒勾芡。

⑩ 炒好的芡汁淋在苦瓜上即可。

喂养·小·贴士

苦瓜中的维生素 C、蛋白质、脂肪、碳水化合物含量在瓜类蔬菜中居首。

西葫芦蛋饼

材料：

西葫芦 200 克，鸡蛋 60 克，面粉 100 克

调料：

盐 2 克，芝麻油 5 毫升，食用油适量

1

2

3

4

5

6

做法：

① 洗净的西葫芦对切开，用擦丝板擦成丝。

② 西葫芦丝装入碗中，放入盐。

③ 拌匀静置 10 分钟出汁。

④ 将西葫芦内汁水倒去，打入鸡蛋，搅拌匀。

⑤ 倒入芝麻油，搅拌片刻。

⑥ 分次加入面粉，充分搅拌均匀。

⑦ 热锅注油烧至七成热，倒入面糊。

⑧ 略煎至定型，将蛋饼翻面。

⑨ 将两面煎成金黄色，盛出放凉片刻。

⑩ 将煎好的蛋饼切成小块，装入盘中即可。

7

8

9

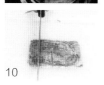

10

喂养·小·贴士

西葫芦含有较多的维生素 C、葡萄糖等营养物质，尤其是钙的含量极高。

豌豆虾仁炒鸡蛋

材料：

虾仁 100 克

豌豆 20 克

鸡蛋 120 克

调料：

食用油适量

盐适量

水淀粉适量

做法：

① 取一个鸡蛋的蛋清至小碗中。

② 剩下的蛋黄和鸡蛋打入大碗中。

③ 加入少许盐，打散搅拌匀。

④ 虾仁挑去虾线，装入碗中，放入水淀粉、盐、蛋清，拌匀。

⑤ 热锅注油烧热，倒入虾仁、豌豆。

⑥ 翻炒半熟盛出，待用。

⑦ 锅底留油，倒入蛋液。

⑧ 翻炒片刻至半凝固状态。

⑨ 倒入虾仁、豌豆，翻炒至熟。

⑩ 将炒好的菜肴盛出装入碗中即可。

喂养小贴士

虾仁含有蛋白质、维生素A、牛磺酸、钾、钙、碘、镁、磷等营养成分。

四喜丸子

材料：

肉馅 100 克

鸡蛋 50 克

高汤适量

葱末适量

姜末适量

调料：

水淀粉适量

盐适量

芝麻油适量

料酒适量

鸡粉适量

做法：

① 剁好的肉馅装入碗中。

② 加入适量鸡粉、葱末、姜末。

③ 倒入盐、芝麻油、清水。

④ 顺时针搅拌匀至上劲。

⑤ 将肉馅逐一捏成大小一致的肉丸，放入盘中。

⑥ 淋入高汤。

⑦ 加入盐、料酒、葱末、姜末。

⑧ 蒸锅注水烧开，放入丸子。

⑨ 盖上锅盖，大火蒸 15 分钟。

⑩ 待时间到，将丸子取出即可。

喂养·小贴士

猪肉营养丰富，蛋白质和胆固醇含量较高，还富含维生素 B_1 和锌。

虾菇油菜心

材料：

小油菜100克，鲜香菇60克，虾仁50克，姜片、葱段、蒜末各少许

调料：

盐3克，鸡粉3克，料酒3毫升，水淀粉、食用油各适量

做法：

① 将洗净的香菇切成小片。

② 洗好的虾仁由背部划开，挑去虾线。

③ 虾仁装入小碟子，放少许盐、鸡粉、水淀粉，拌匀，注入食用油，腌渍约10分钟至入味。

④ 锅中注水烧开，放盐、鸡粉，倒小油菜，搅拌片刻，煮约1分钟至断生，捞出沥干水分。

⑤ 再放入香菇，煮约半分钟后捞出沥干水分。

⑥ 用油起锅，放入姜片、蒜末、葱段，用大火爆香。

⑦ 倒入香菇，再放入虾仁，翻炒匀。

⑧ 淋入料酒，翻炒至虾身呈淡红色，加盐、鸡粉调味。

⑨ 用大火快速炒片刻至食材熟透，关火，待用。

⑩ 取盘，摆上小油菜，盛出锅中的食材摆好即成。

喂养小贴士

小油菜含有铁元素，儿童食用小油菜，有补铁的食用价值。

1

2

3

4

5

6

7

8

9

10

炒三丁

材料：

黄瓜 170 克，鸡蛋 1 个，豆腐 155 克，面粉 30 克

调料：

盐 3 克，生抽 2 毫升，水淀粉 3 毫升，食用油适量

1 2

3 4

5 6

7 8

9 10

做法：

① 把洗净的豆腐切成小方块。

② 黄瓜切成丁。

③ 将鸡蛋打入碗中，放盐，打散调匀，放入面粉，搅匀，倒入少许食用油，调成鸡蛋面糊。

④ 取一个小碗，抹上适量食用油，倒入鸡蛋面糊。

⑤ 将鸡蛋面糊放入烧开的蒸锅中，用小火蒸 8 分钟至凝固成蛋糕。

⑥ 把蛋糕放在砧板上，用刀切条，改切成小块。

⑦ 锅中注水烧开，放少许食用油、盐，倒入豆腐。

⑧ 加入黄瓜，煮至断生，捞出焯好的豆腐和黄瓜，沥干待用。

⑨ 另起锅，倒黄瓜和豆腐，放入蛋糕，拌炒片刻。

⑩ 加盐、生抽炒匀，倒入水淀粉翻炒片刻入味即可。

喂养·小贴士

豆腐能够增强营养，对幼儿骨骼的生长发育有裨益，是幼儿促进生长发育的健康食物。

Chapter 3 4~6 岁 聪慧孩子健康营养食谱

4~6岁的宝宝能走、能玩，好奇心强，好动，会顺手将东西抓来吃，妈妈需要留意宝宝的蛀牙。宝宝可能因为吃饭不专心，导致营养不均衡的问题。这个阶段，妈妈们要格外了解宝宝的营养需求，本章就来帮助妈妈们解决这个难题。

4~6 岁宝宝的营养需求

4~6岁是宝宝肌肉、骨骼快速发育的时期，要注重补充蛋白质、矿物质（钙、磷等），以强化骨骼。此外，维生素和益生菌都不可缺少，因为宝宝体内的益生菌会随着年龄的增加而减少。

需求要点

4~6 岁宝宝属于学龄前幼儿，正是处于较旺盛的生长发育时期这个时期。身体发育的特点是：体重增加比较慢了，身高增长仍然较快，乳牙和恒齿的更替由蕴育到开始进行，特别是神经系统正在迅速成熟；到 5 周岁时，大脑重量要达到成人的90% 以上，神经细胞的分化也基本完成，独立思维能力大大加强。因此，膳食的营养质量仍然要比成年人相对高些，也就是说，在满足幼童热能需要的同时，其他营养素要完备而充裕，优质蛋白、各种维生素及矿物质（特别是对骨骼、牙齿生长都极其重要的钙）绝不可缺少。

给宝宝准备的食物应尽量是绿色无污染的，切记不能服用激素、增高剂等，这样反而会产生揠苗助长的副作用，影响其身体健康。

所需营养素

POINT 1　矿物质

长高、长结实需要矿物质的参与。钙的摄取很重要，食物中的钙在人体中最好的吸收状态是与磷的比例为1∶1；铁是制造红细胞的重要来源；碘是甲状腺激素的主要成分，与神经、肌肉系统功能发育有很大的关联。

POINT 2　碳水化合物

儿童在幼儿期发育快速，活动量增加，所消耗的碳水化合物很多，因此宝宝的热量需求量不小，每千克体重约需320～360千焦。

POINT 3　维生素

这个阶段，宝宝补充维生素是关键。维生素A对视力发展、肌肉完整性很重要；维生素C有抗氧化的作用；维生素B族是营养及能量代谢的营养素，与细胞生成有关。

POINT 4　蛋白质

这一阶段，长肌肉、头发、指甲、组织建造、伤口修复都需要蛋白质。每千克体重蛋白质的需要量约2克，摄取不足，会影响生长速度；若摄取太多，则会增加肝肾负担，造成钙质流失。

POINT 5　益生菌

许多益生菌与有害菌皆生长在肠道中，以共生的方式维持肠道菌群生态平衡，但益生菌会随着年龄的增长及饮食习惯的改变而减少，因此需要经常补充益生菌，以维持肠道功能，增强宝宝的免疫力。

哪些益智食材能够补充该阶段宝宝营养

了解了宝宝的营养需求后，又要怎样及时补充宝宝的营养呢？
以下就有详细的介绍哟。

食物多样，谷物为主，增加蔬果

4~6岁儿童饮食要多样化。1~3岁时，主食可用软米饭、米粥、面条等轮着吃，有干有稀，既满足膳食多样化，又使幼儿更容易接受。稍大些，需要更多的糖类、蛋白质、膳食纤维和维生素B族，应以谷物为主食，合理搭配粗细粮。

鱼、肉、蛋、奶，必不可少

鱼、肉、蛋、奶是优质蛋白、维生素和矿物质的良好来源。肉类，铁的利用较好；鱼类，特别是海鱼所含不饱和脂肪酸有利于儿童神经系统的发育；动物肝脏中的维生素A丰富；奶类营养丰富、易消化吸收，含优质蛋白及维生素A、维生素B_2。

讲究烹调方法，膳食清淡少盐

4~6岁儿童正值长身体和长牙，故要从食物中摄取大量的营养。这时期的儿童咀嚼能力虽有增强，但胃肠道调节能力较弱，消化能力较差。

饮食总的原则是：注意软、烂、碎，以适应宝宝的消化能力。到四五岁的时候，可增加一些稍硬的食物，以锻炼咀嚼能力。

健康菜品

小炒鱼

材料：

草鱼 200 克

红椒 40 克

青椒 40 克

生粉 30 克

姜片、葱段各少许

调料：

盐、鸡粉各 3 克

白糖、胡椒粉、

料酒、生抽、老

抽、食用油、水

淀粉各适量

做法：

1 鱼块放盐、鸡粉、胡椒粉、料酒、生粉，腌渍。
2 鱼块炸至金黄色捞出。
3 姜片、葱段爆香，放青椒块、红椒块，注水，淋入生抽、老抽。
4 放盐、鸡粉、白糖，加水淀粉，炒匀，倒入鱼块，翻炒至入味即可。

喂养·小·贴士

炸鱼时可多加搅拌，受热会更均匀。

茄汁香芋

材料：

香芋 400 克

蒜末少许

葱花少许

调料：

白糖 5 克

番茄酱 5 克

水淀粉适量

食用油适量

做法：

1 香芋去皮切丁。
2 香芋炸至八成熟，捞出。
3 锅底留油，放入蒜末，爆香，加入适量清水。
4 倒入香芋，加白糖、番茄酱炒匀，加水淀粉，快速拌炒均匀。
5 盛出装盘，撒葱花即成。

喂养·小·贴士

炸香芋时宜用小火，时间不宜过长，以免炸糊。

凉拌空心菜

材料：

空心菜 200 克，培根 2 根，姜末适量

调料：

醋、盐、芝麻油、生抽各适量

做法：

① 空心菜放入加了盐的沸水中焯煮片刻，沥干切段。

② 培根切成碎末，焯熟捞出沥干和空心菜放入大碗中。

③ 加入姜末、醋、盐、芝麻油、生抽。

④ 搅拌均匀，摆盘即可。

腐竹烧肉

材料：

猪瘦肉 150 克，腐竹 100 克，葱段、姜片各适量

调料：

老抽、盐、料酒、水淀粉、食用油各适量

做法：

① 猪瘦肉切块加盐、料酒、生抽腌渍后稍炸片刻捞出。

② 猪瘦肉加水、老抽、料酒、葱段、姜片，焖煮 30 分钟。

③ 腐竹用温水泡开，切段，放入锅中。

④ 下肉，加盐调味，加入水淀粉勾芡，关火盛出即可。

虾味鸡

材料：

虾 100 克，净鸡肉 100 克

调料：

盐、料酒、食用油、淀粉各适量

做法：

① 虾去壳，去虾线，剁成碎末，用盐、料酒腌制片刻。

② 鸡肉加盐、料酒腌制，上淀粉，将虾末抹于鸡肉表层。

③ 锅中注油，放鸡块入油锅，炸至两面金黄后捞出。

④ 切成块状即可。

五香豆腐丝

儿童经常食用豆腐皮可以提高免疫力，促进身体生长。

材料：

豆腐皮 150 克，葱花、蒜末各 30 克，香菜段 20 克

调料：

盐 1 克，鸡粉 1 克，白糖 2 克，芝麻油 5 毫升，生抽 10 毫升

做法：

1. 洗净的豆腐皮摊开切成丝。
2. 沸水锅中倒入切好的豆腐丝，汆烫 30 秒，捞出沥干水分，装碗待用。
3. 汆烫好的豆腐丝中倒入葱花和蒜末。
4. 加入生抽、盐、鸡粉、白糖、芝麻油，放入洗净的香菜段。
5. 将豆腐丝搅拌均匀，装盘即可。

菠菜拌鱼肉

菠菜入锅后不宜煮制太久，以免过于熟烂。

材料：

菠菜 70 克，草鱼肉 80 克

调料：

盐少许，食用油各适量

做法：

1. 汤锅中注入适量清水，用大火烧开，放入菠菜，煮 4 分钟至熟，再捞出装盘。
2. 将鱼肉放入烧开的蒸锅中，用大火蒸 10 分钟至熟，把蒸熟的鱼肉取出。
3. 将菠菜切碎，备用。
4. 用刀把鱼肉压烂，剁碎。
5. 用油起锅，倒入鱼肉，再放入菠菜。
6. 放入少许盐，拌炒均匀，炒出香味，装盘即可。

蒜泥蚕豆

材料：

蚕豆 250 克，大蒜适量

调料：

生抽、盐、食用油各适量

做法：

1. 大蒜去皮，捣成泥，加生抽、盐、食用油，搅拌成蒜汁。
2. 将蚕豆洗净去壳。
3. 锅中注水烧开，倒入蚕豆煮 15 分钟，捞出沥干。
4. 蚕豆装入碗中，浇上蒜汁，拌匀即可。

炒三色肉丁

材料：

瘦肉 100 克，胡萝卜 100 克，青椒 50 克

调料：

盐、食用油、水淀粉各适量

做法：

1. 瘦肉、胡萝卜、青椒切丁。
2. 锅中注油，放入肉丁翻炒至变色。
3. 放胡萝卜丁，炒香；放入青椒丁，翻炒片刻。
4. 加入盐调味，淋入水淀粉勾芡即可。

炒面筋

材料：

面筋100克，胡萝卜、青红椒、姜末、葱花各适量

调料：

盐2克，食用油5毫升，鸡粉、生抽各适量

做法：

1. 胡萝卜、红椒、青椒切成丝；备好的油面筋切成块。
2. 热锅注油烧热，倒入姜末炒香，倒入胡萝卜丝，翻炒匀。
3. 淋生抽、清水，倒入油面筋、红椒、青椒，翻炒片刻。
4. 加入少许盐、鸡粉翻炒，倒入葱花，炒香，装盘即可。

香肠炒油菜

油菜含有能促进眼睛视紫质合成的物质，具有明目的作用。

材料：

油菜 100 克，香肠 50 克

调料：

盐、食用油适量

做法：

1. 油菜择去老叶，切段。
2. 香肠切片。
3. 锅中注油，放入香肠略炒，放入油菜段，翻炒均匀。
4. 加入盐，翻炒均匀，盛出即可。

棒棒鸡

喂养小·贴士

鸡肉不要煮到全熟再关火，九成熟即可，这样味道会更鲜嫩。

材料：

鸡胸肉 350 克，熟芝麻 15 克，蒜末、葱花各少许

调料：

盐 4 克，鸡粉 2 克，料酒 10 毫升，辣椒油 5 毫升，陈醋 5 毫升，芝麻酱 10 克

做法：

1. 锅中注水烧开，放入整块鸡胸肉，放盐，淋入适量料酒，煮熟后捞出。
2. 用手把鸡肉撕成鸡丝。
3. 把鸡丝加入蒜末和葱花，加入盐、鸡粉，淋入辣椒油、陈醋。
4. 放入芝麻酱，拌匀。装入盘中，撒上熟芝麻和葱花即可。

苹果鸡

材料：

苹果 400 克，鸡腿 500 克，葱段、姜丝各适量

调料：

生抽、白糖、料酒、水淀粉、芝麻油、食用油各适量

做法：

1 洗净的苹果去皮切成块；鸡肉切成块。

2 热锅烧油，倒入葱段、姜丝。

3 倒入鸡肉炒至转色，加入生抽后翻炒上色，加入白糖、料酒，翻炒提鲜。

4 倒入苹果块，用小火烧 40 分钟收汁。

5 淋入水淀粉、芝麻油，翻炒匀即可。

韭黄炒鸡柳

材料：

鸡胸肉 220 克，韭黄 100 克，红椒、葱段、姜片各适量

调料：

盐、料酒、食用油、水淀粉各适量

做法：

1 鸡胸肉切成条，放入碗中，加料酒、盐腌制片刻。

2 韭黄洗净、切段，红椒去蒂去籽，切丝。

3 锅中注油，放入葱段、姜片，煸炒出香味。

4 放入鸡柳炒散，加入适量料酒炒匀。

5 加入韭黄段、红椒丝，翻炒均匀，加入盐调味，用水淀粉勾芡即可。

番茄酱鸡翅

炸鸡翅时需要反复炸两次才能炸出脆鸡皮。

材料：

鸡翅若干、番茄酱、蒜瓣各适量

调料：

盐、生抽、食用油、水淀粉各适量

做法：

1. 鸡翅洗净、蒜切片。
2. 锅中注油，放入蒜片煸炒片刻，放入鸡翅，两面煎黄。
3. 放入生抽、番茄酱，炒匀。
4. 加适量清水，加盖焖煮30分钟左右。
5. 揭盖，放入盐调味，关火盛出即可。

酸菜鸭

长期食用没熟透、质量差、腌浸时间短的酸菜，则可能引起泌尿系统结石。

材料：

鸭腿1只，酸菜100克，姜丝、蒜末、面粉各适量

调料：

盐、料酒、食用油、辣椒酱各适量

做法：

1. 鸭肉洗净、切块，加盐、面粉、料酒拌匀，酸菜切丝。
2. 锅中倒入油烧热，放入蒜末、姜丝，炒出香味，放入鸭肉块翻炒至肉转色。
3. 倒入清水，加入酸菜丝、盐、辣椒酱，加盖煮30分钟左右。
4. 揭盖，关火盛出即可。

油菜蛋羹

材料：

鸡蛋 1 个，油菜 100 克，猪瘦肉、葱适量

调料：

盐、芝麻油各适量

做法：

1. 油菜择去老叶，洗净，切成碎末。
2. 猪肉洗净，切成末。
3. 葱洗净，切碎。
4. 鸡蛋磕入碗中，打散。
5. 加入油菜碎、肉末。
6. 加入盐、葱末、芝麻油。
7. 搅拌均匀，制成蛋液。
8. 蒸锅置火上，加适量清水煮沸。
9. 将混合蛋液放入蒸锅中。
10. 加盖，蒸 6 分钟左右，关火取出即可。

喂养小·贴士

注入的清水不宜太多，以免影响鸡蛋羹的口感。

酸甜鱼块

材料：

草鱼300克，鸡蛋1个，葱段、姜片、蒜适量

调料：

盐、醋、白糖、食用油、淀粉、芝麻油、料酒、生抽、番茄酱各适量

做法：

① 鱼洗净，去鳞去骨切块。葱切段，姜切末。

② 鸡蛋磕入碗中，用筷子打散。

③ 放入适量淀粉、盐，搅拌均匀。

④ 鱼块放入碗中。

⑤ 加入姜末、盐、芝麻油、料酒、淀粉、蛋液，搅拌均匀。

⑥ 锅中注油，放入鱼块，炸至两面金黄捞出。

⑦ 锅底留油，放入葱段、生抽、番茄酱、盐，翻炒片刻。

⑧ 加入清水，烧开。

⑨ 倒入水淀粉勾芡，制成西红柿汁。

⑩ 将西红柿汁淋在鱼块上即可。

喂养·小·贴士

草鱼具有温中补虚、抗衰老、养颜、改善缺铁性贫血等功效。

茶香虾仁

材料：

虾仁 100 克

生粉 5 克

龙井茶 50 毫升

蛋清 20 克

葱段少许

调料：

料酒 5 毫升

盐、鸡粉各 2 克

白糖 2 克

水淀粉 5 毫升

食用油适量

做法：

❶ 往虾仁中撒上适量盐、鸡粉、料酒，拌匀。

❷ 倒入蛋清，搅拌匀，再倒入生粉，搅拌匀，腌渍 10 分钟。

❸ 热锅注油烧至七成热。

❹ 倒入虾仁，搅拌匀。

❺ 待炸至酥脆，捞出虾仁，沥干油分，待用。

❻ 热锅注油烧热，倒入葱段，爆香。

❼ 倒入虾仁，淋上料酒。

❽ 倒入备好的龙井茶，翻炒匀。

❾ 撒上盐、鸡粉、白糖。

❿ 淋上水淀粉勾芡，快速翻炒匀，装入盘子即可。

喂养小贴士

炸虾仁时可多搅拌片刻，能使受热更均匀。

白卤虾丸

材料：

虾丸若干

草果适量

八角适量

甘草适量

小茴香适量

调料：

料酒、盐各适量

生抽适量

食用油适量

冰糖适量

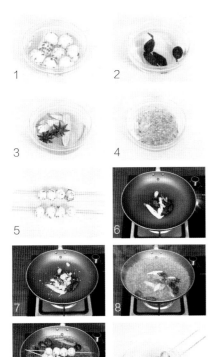

做法：

① 虾丸洗净。

② 草果洗净。

③ 八角、甘草洗净。

④ 小茴香洗净。

⑤ 将虾丸串在签子上，备用。

⑥ 锅中放油，放入草果、甘草、小茴香、八角煸出香味。

⑦ 加入料酒、盐、生抽、冰糖，拌匀。

⑧ 注入清水煮沸，制成卤水。

⑨ 放入虾丸签子，煮约30分钟。

⑩ 关火取出即可。

（喂养·小贴士）

虾肉肉质松软，易消化，蛋白质含量相当高，十份适合发育时期的宝宝食用。

冻豆腐炖海带

材料：

海带 10 克，冻豆腐 50 克，葱、姜各适量

调料：

盐、食用油各适量

做法：

1. 海带洗净泡发，焯烫后切成块。
2. 冻豆腐放入沸水中，焯去豆腥味，捞出沥干。
3. 晾凉后，切小块。
4. 葱、姜洗净，切成末。
5. 锅中注油，放入葱姜末炒香。
6. 放入豆腐块，轻轻翻炒片刻。
7. 加入海带，翻炒片刻。
8. 注入适量清水，煮沸。
9. 加入盐调味。
10. 关火盛出即可。

喂养·小·贴士

海带放在沸水中焯烫时，放点白醋可以去除海带的腥味，去除海带所含的粘液。

奶煎茄盒

材料：

瘦肉100克，茄子400克，鸡蛋2个，牛奶50毫升，面粉适量

调料：

盐、食用油各适量

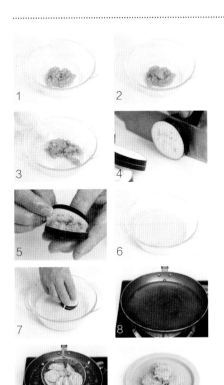

做法：

1. 瘦肉剁成末，装入碗中。
2. 加入一个蛋黄。
3. 加入适量盐，搅拌成肉馅。
4. 茄子洗净，去头去尾，切成夹刀片。
5. 肉馅塞入相连的茄子中，做成茄盒。
6. 将剩余的鸡蛋打入碗中，加入面粉、牛奶调成面糊。
7. 酱茄子放入面糊中，使面糊均匀裹上茄盒。
8. 锅中注油，烧热。
9. 放入茄子，炸至两面金黄。
10. 关火，捞出即可。

（喂养·小·贴士）

塞入茄子中的肉末不宜太多，以免将茄盒撑破碎了。

虾仁四季豆

材料：

四季豆 200 克

虾仁 70 克

姜片少许

蒜末少许

葱白少许

调料：

盐 4 克

鸡粉 3 克

料酒 4 毫升

水淀粉适量

食用油适量

做法：

① 把洗净的四季豆切成段。

② 洗好的虾仁由背部切开，去除虾线。

③ 将虾仁装入碗中，放入少许盐、鸡粉、水淀粉，抓匀。

④ 倒入适量食用油，腌渍 10 分钟至入味。

⑤ 锅中注水烧开，加入适量食用油、盐，倒入四季豆，焯煮 2 分钟至其断生。

⑥ 把焯好的四季豆捞出，备用。

⑦ 用油起锅，放入姜片、蒜末、葱白，爆香。

⑧ 倒入腌渍好的虾仁，拌炒匀。

⑨ 放入四季豆，炒匀，淋入料酒，炒香。

⑩ 加入适量盐、鸡粉，炒匀调味，倒入适量水淀粉，拌炒均匀即可。

喂养小贴士

四季豆烹饪的时间宜长不宜短，要保证其熟透，否则会发生中毒。

1

2

3

4

5

6

7

8

9

10

营养主食

彩虹炒饭

材料：

凉米饭 200 克

火腿肠 80 克

红椒 40 克

豆角 50 克

青豆 50 克

鲜玉米粒 45 克

蛋液 60 克

葱花少许

调料：

盐 2 克

鸡粉 2 克

食用油适量

做法：

1. 红椒切丁；豆角切粒；火腿肠切条，切丁。
2. 青豆、玉米粒、豆角，煮至断生，捞出沥干。
3. 蛋液炒熟，加入火腿肠。
4. 倒入焯煮好的食材、红椒、米饭、炒松散，放盐、鸡粉、炒匀。
5. 放入葱花，炒匀即可。

喂养·小·贴士

蔬菜类食材焯煮一遍，能够保持原有的色泽。

芝麻酱菠菜拌饭

材料：

菠菜 90 克

热米饭 100 克

调料：

芝麻酱 40 克

芝麻油 5 毫升

盐 1 克

做法：

1. 菠菜焯煮至断生，捞出。
2. 取空碗，倒入芝麻酱，加水至稍稍没过碗底。
3. 淋入芝麻油、盐，拌匀，制成麻酱。
4. 将焯好的菠菜放在米饭上，放上麻酱即可。

喂养·小·贴士

菠菜焯水时加食用油，颜色会更翠绿。

西红柿饭卷

炒饭的时候一定要快速翻炒才能更好地炒匀。

材料:

冷米饭400克,西红柿200克,鸭蛋40克,玉米粒30克,胡萝卜30克,洋葱25克,葱花少许

调料:

白酒10毫升,盐、食用油、鸡粉各少许

做法:

❶ 胡萝卜、洋葱切粒;西红柿去皮切丁。

❷ 玉米粒焯煮至断生,捞出沥干。

❸ 鸭蛋加盐、白酒、葱花搅匀打散。

❹ 洋葱、胡萝卜、玉米、西红柿,炒匀,加盐、鸡粉,倒入冷米饭炒匀。

❺ 鸭蛋液煎成蛋饼,铺上米饭卷成卷,将饭卷放在砧板上,切成小段即可。

腊肠饭

碗中的清水不宜太多,以免将米饭蒸得过于软烂,影响口感。

材料:

水发大米120克,腊肠50克,葱花3克

做法:

❶ 将洗净的腊肠用斜刀切片,备用。

❷ 取一个蒸碗,倒入洗净的大米,注入适量清水,把米粒摊开。

❸ 蒸锅上火烧开,放入蒸碗,用大火蒸约25分钟,至米粒变软。

❹ 揭盖,取出蒸碗,摆上切好的腊肠,再把蒸碗放入蒸锅中。

❺ 盖上锅盖,用中火蒸约15分钟,至食材熟透,取出蒸碗。趁热撒上葱花即成。

南瓜百合蒸饭

材料：

小南瓜 1 个，大米 150 克，鲜百合 75 克，枸杞适量

调料：

冰糖、白糖适量

做法：

1. 大米加适量水蒸熟，冰糖、白糖加热水制成糖汁。
2. 南瓜洗净，切开顶部，挖出瓜瓤，制成南瓜盅。
3. 将蒸好的大米、百合、枸杞子装入南瓜盅内，倒入糖汁，水量没过米饭约 2 厘米，加南瓜盖，蒸 30 分钟即可。

鸡肝酱香饭

材料：

米饭 200 克，鸡肝 50 克，葡萄干、洋葱各适量

调料：

料酒、盐、黑胡椒粉各适量

做法：

1. 洋葱洗净切碎，鲜鸡肝洗净切片。
2. 放鸡肝片煎至上色，倒入料酒、洋葱片翻炒，加盐、黑胡椒粉调味，取出切碎。
3. 与葡萄干、米饭拌匀，放入电饭锅中加热 5 分钟即可。

素什锦炒饭

材料：

米饭 200 克，胡萝卜丁、香菇丁、青椒丁、洋葱丁各 50 克，鸡蛋 1 个

调料：

盐、食用油各适量

做法：

1. 胡萝卜丁入沸水中焯烫，捞出沥干。
2. 鸡蛋打散，炒至半熟；洋葱丁炒香，加香菇丁煸炒。
3. 倒米饭、青椒丁、胡萝卜丁、鸡蛋，加盐翻炒均匀即可。

腐乳炒饭

材料：

冷米饭 190 克，腐乳 20 克，鸡蛋液 100克，鸡胸肉 75 克

调料：

鸡粉 2 克，水淀粉、食用油各适量

做法：

① 洗净的鸡胸肉改切成丁。

② 鸡胸肉加部分腐乳、鸡蛋液，拌匀。

③ 加水淀粉，淋入食用油，腌渍 10 分钟。

④ 剩余鸡蛋液，炒散，放入米饭，翻炒约 2 分钟至熟，装入盘中待用。

⑤ 用油起锅，倒入鸡丁，炒至转色，倒入米饭、腐乳，炒匀，加入鸡粉。翻炒片刻至入味即可。

椰浆香芋炒饭

材料：

熟米饭 180 克，香芋丁 70 克，蛋液 65 克，椰浆 10 毫升

调料：

盐、鸡粉各 1 克，食用油适量

做法：

① 热锅注油，倒入香芋丁，油炸约 1 分钟至微黄，捞出干油分，装盘待用。

② 另起油锅，倒入蛋液，炒至六七成熟。

③ 倒入熟米饭，压散，炒匀，倒入炸好的芋头，炒约 1 分钟至熟软。

④ 加入椰浆，翻炒均匀，加入盐、鸡粉，翻炒 1 分钟至入味。

⑤ 关火后，盛出炒饭，装碗即可。

虾干炒面

材料：

乌冬面 200 克，辣椒 40 克，蒜薹 45 克，洋葱 50 克，虾干 35 克

调料：

鲍鱼汁 45 克，生抽 5 毫升，盐、鸡粉、食用油各适量

做法：

❶ 蒜薹切丁、洋葱切条、辣椒切丝，乌冬面汆煮至熟捞出。

❷ 虾干、洋葱、爆香，倒入蒜薹、乌冬面。

❸ 加鲍鱼汁、盐、鸡粉、生抽、辣椒，翻炒至入味即可。

肉末面条

材料：

菠菜 30 克，胡萝卜 40 克，面条 90 克，肉末 40 克

调料：

盐 2 克，食用油 2 毫升

做法：

❶ 胡萝卜切粒；菠菜切碎；把面条折成段，装入碗中。

❷ 锅中注水烧开，胡萝卜煮至熟，加适量盐、食用油。

❸ 放入面条，拌匀，盖上盖，烧开后用小火煮 5 分钟，
揭盖，倒入肉末，搅拌匀，放入菠菜，拌匀煮沸即可。

鸡蛋炒面

材料：

熟面条 350 克，鸡蛋液 100 克，葱花少许

调料：

盐 2 克，生抽 4 毫升，鸡粉少许，食用油适量

做法：

❶ 将鸡蛋液搅散，调匀，待用。

❷ 用油起锅，倒蛋液，炒至五六成熟，关火后盛出，待用。

❸ 锅底留油，撒上葱花，炸香，倒入熟面条、鸡蛋，拌匀，
淋上生抽，加入盐、鸡粉，翻炒至食材入味即可。

西红柿鸡蛋打卤面

面条煮的时间不可过长，否则会影响口感。

材料：

面条80克，西红柿60克，鸡蛋1个，蒜末、葱花各少许

调料：

盐2克，鸡粉2克，番茄酱、水淀粉、食用油各适量

做法：

1. 西红柿切块；鸡蛋打散，调成蛋液。
2. 沸水锅中面条煮至熟软，捞出沥干。
3. 蛋液炒匀，呈蛋花状，盛出。
4. 蒜末爆香，西红柿炒匀，蛋花炒散。
5. 注入少许清水，加入番茄酱、盐、鸡粉，倒水淀粉勾芡，将面条装入碗中，点缀上葱花即可。

薏米西红柿瘦肉面

喜欢面软一点的，可以先用开水将面条煮软。

材料：

挂面200克，瘦肉200克，熟薏米150克，西红柿50克，姜片、葱段各少许

调料：

盐、鸡粉各2克，料酒、生抽各5毫升

做法：

1. 瘦肉切丝；洗净的西红柿切成片待用。
2. 锅中注入适量的清水大火烧热，倒入备好的肉丝、姜片、葱段、薏米。
3. 淋入少许料酒，拌匀稍煮片刻。
4. 撇去浮沫，倒入西红柿、面条，煮至熟软。
5. 加入少许盐、鸡粉、料酒、生抽，搅匀煮入味即可。

蔬菜煎饼

胡萝卜含有大量的维生素 A，对促进
幼儿的生长发育也大有裨益。

材料：

胡萝卜、青菜各 100 克，面粉 200 克，
鸡蛋 1 个

调料：

盐、食用油各适量

做法：

1. 胡萝卜去皮洗净切丝，青菜洗净切丝，
   鸡蛋搅散。
2. 在面粉内加入蛋液、胡萝卜丝、青菜
   丝、盐、适量水搅拌成糊状。
3. 平底锅置火上，放入适量油加热。
4. 将面粉糊用小火摊成薄饼卷起。
5. 入油锅炸至呈金黄色即可。

牛肉卷饼

牛肉具有增强抵抗力、补脾胃、益气
血、强筋骨等功效。

材料：

牛排 2 片，荷叶薄饼 2 张，生菜适量

调料：

食用油、黑胡椒、盐、料酒、肉酱各适量

做法：

1. 牛排洗净后，加入黑胡椒、盐及料酒
   拌匀，腌制 20 分钟左右。
2. 起油锅烧热后，加入牛排煎至八成熟。
3. 取薄饼，将牛排和生菜叶依次铺好。
4. 刷上一点肉酱，然后卷起。
5. 用刀切片即可。

土豆鸡蛋饼

土豆切好后放在清水中，泡去多余的淀粉，这样烹饪后的口感会更好。

材料：

去皮土豆70克，鸡蛋液35克，面粉110克，葱花少许

调料：

盐、白胡椒粉、孜然粉各3克，食用油适量

做法：

❶ 土豆切碎；鸡蛋液打散待用。

❷ 取一碗，倒入土豆碎、面粉、鸡蛋液、葱花、盐、白胡椒粉、孜然粉，拌匀，注入少许的清水，混匀制成面糊。

❸ 面糊入煎锅煎至两面呈微黄色，盛盘。

❹ 将放凉的土豆鸡蛋饼切成三角形状，摆放在盘中即可。

豆角包子

搓揉面团时可以在案台上摔几次，这样做出的包子皮才有劲道。

材料：

面粉200克，酵母粉10克，长豆角125克，猪肉末200克，葱花30克，姜末少许

调料：

盐2克，鸡粉2克，五香粉2克，胡椒粉2克，生抽5毫升

做法：

❶ 发酵粉用温水化开，倒入面粉中和成面团。

❷ 豆角切丁，放肉末、姜末、葱花，放盐、鸡粉、五香粉、胡椒粉、生抽，制馅料。

❸ 面团搓条下剂，擀成圆皮。

❹ 抹馅捏成包子。

❺ 取出蒸屉，放上包子蒸熟，装盘即可。

三鲜包子

材料：

面粉 500 克

鸡肉 50 克

水发海参 100 克

虾仁 100 克

猪五花肉 300 克

冬笋 300 克

葱花、姜末各适量

调料：

盐少许

生抽适量

芝麻油适量

发酵粉适量

食用碱适量

做法：

❶ 猪五花肉、虾仁、冬笋、鸡肉、水发海参均洗净切碎。

❷ 加入盐、芝麻油、生抽、姜末、葱花。

❸ 搅拌均匀成肉馅。

❹ 发酵粉用温水化开，倒入面粉中和成面团。

❺ 静置一段时间，发酵。

❻ 搓条下剂。

❼ 擀成圆皮。

❽ 抹馅捏成包子。

❾ 放入蒸笼中蒸熟。

❿ 关火取出即可。

喂养·小·贴士

面团发酵时可放在较温暖的地方，可缩短发酵时间。

111

芝麻糕

材料：

糯米 500 克，白糖、熟芝麻各 150 克

调料：

糖桂花、芝麻油各适量

做法：

① 将熟芝麻研成细末。

② 糯米清洗干净。

③ 放入锅中加水蒸成糯米饭。

④ 用大碗盛出。

⑤ 加入芝麻油、糖桂花、白糖拌匀。

⑥ 将熟芝麻粉的一半铺在砧板上。

⑦ 糯米饭平铺在芝麻粉上压平整。

⑧ 在糯米饭上撒一层芝麻粉，放冰箱冰凉后取出。

⑨ 切成长方形块。

⑩ 装入盘中即可。

喂养小贴士

芝麻磨得精细一些，幼儿食用后才能更好地吸收营养物质。

豆沙卷

材料：

豆沙 50 克，澄面 100 克，糯米粉 500 克，猪油 150 克，白糖 175 克，面粉少许

调料：

食用油适量

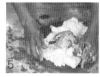

做法：

❶ 将备好的澄面注入适量开水，烫一会儿，搅匀。

❷ 再把碗倒扣在案板上，使澄面充分吸干水分。

❸ 揭开碗，澄面揉搓匀，制成澄面团，备用。

❹ 将部分糯米粉放在案板上，加白糖注水，搅拌匀，再分次加入余下的糯米粉、清水，搅拌匀。

❺ 放入备好的澄面团，混匀加猪油，揉搓。

❻ 将面团搓成长条，制成面片。

❼ 把备好的豆沙搓成长条，制成馅料。

❽ 馅料放在面片上，卷起，裹严实，制成面卷儿。

❾ 取一个干净的蒸盘，放上豆沙卷生坯，摆好。

❿ 将豆沙卷放入蒸锅，用大火蒸约 8 分钟，至食材熟透，取出逐一裹上椰蓉即成。

喂养小贴士

面片不宜擀得太薄，以免包入馅料时将豆沙卷弄破。

113

鲜虾烧麦

材料：

白菜 400 克

净虾仁适量

金针菇适量

香菜末适量

芹菜适量

鸡肉末适量

藕适量

姜末适量

香葱适量

调料：

生抽、盐各适量

做法：

① 芹菜择洗净，切成碎末。

② 藕洗净，去皮、切成碎末。

③ 净虾仁洗净，去切成碎末。

④ 白菜洗净，焯烫后过凉。

⑤ 取一干净大碗，倒入香菜末、鸡肉末、虾仁末、芹菜末、藕末。

⑥ 加生抽、盐、姜末、葱末搅拌均匀。

⑦ 制成馅料。

⑧ 将肉末包在白菜叶里，用香葱系紧。

⑨ 插上金针菇。

⑩ 上锅蒸熟即可。

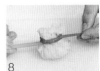

喂养小·贴士

鲜虾含有丰富的钾、碘及维生素 A、氨茶碱等成分，含蛋白质丰富。

三鲜蒸饺

材料：

面粉 500 克

鸡肉 250 克

八爪鱼 100 克

大虾 100 克

笋 50 克

葱花适量

姜末适量

调料：

盐、生抽各适量

花椒粉适量

淀粉适量

芝麻油适量

色拉油适量

做法：

① 将鸡肉洗净。

② 剁成碎丁。

③ 将八爪鱼、笋分别洗净，切丁。

④ 将大虾去壳、虾线。

⑤ 洗净切成丁。

⑥ 将上述材料加入所有调料，拌匀成馅。

⑦ 把面粉用开水烫好，揉成面团。

⑧ 将面团揉匀搓成长条，揪成剂，擀成圆形薄皮。

⑨ 包入馅，捏合成月牙形的饺子。

⑩ 把饺子放入蒸锅蒸熟，取出即可。

喂养·小·贴士

八爪鱼含有丰富的蛋白质、脂肪、牛磺酸、钙、磷、铁、锌、硒以及 B 族维生素等营养成分。

牛肉萝卜水饺

材料：

牛肉馅、胡萝卜末、饺子皮、葱末、姜末
各适量

调料：

盐、花椒粉、生抽、食用油、芝
麻油各适量

做法：

① 取大碗放入牛肉馅。

② 加生抽、姜末、食用油、适量水。

③ 搅拌均匀，放入葱末、胡萝卜末。

④ 放入芝麻油、盐、花椒粉。

⑤ 充分搅拌至均匀。

⑥ 取饺子皮摊开，放入肉馅。

⑦ 依次包好，放在盘中。

⑧ 锅置火上，注入适量清水烧沸。

⑨ 下饺子，煮至饺子浮起。

⑩ 关火，盛入碗中即可。

喂养小贴士

对于生长发育期的儿
童，牛肉是不错的营
养滋补食品。

美味汤羹粥

猪红韭菜豆腐汤

材料：

韭菜 85 克

豆腐 140 克

黄豆芽 70 克

高汤 300 毫升

猪血 150 克

调料：

盐、鸡粉各 2 克

白胡椒粉 2 克

芝麻油 5 毫升

1

2

3

4

5

6

7

8

9

10

做法：

1. 洗净的豆腐切块。
2. 处理好的猪血切小块。
3. 洗好的韭菜切段。
4. 洗净的黄豆芽切段，待用。
5. 深锅置于火上，倒入高汤。
6. 加盖，大火烧开。
7. 揭盖，倒入豆腐块、猪血块，拌匀。
8. 加盖，大火再次煮沸，揭盖，放入黄豆芽段、韭菜段，拌匀。
9. 煮约 3 分钟至熟，加入盐、鸡粉、白胡椒粉、芝麻油。
10. 稍稍搅拌至入味，关火后盛出煮好的汤，装入碗中即可。

喂养小贴士

猪血含有蛋白质、脂肪、碳水化合物、多种维生素、烟酸及钠、铁、钙等营养成分。

淡菜竹笋筒骨汤

材料：

竹笋 100 克

筒骨 120 克

水发淡菜干 50 克

调料：

胡椒粉 2 克

盐 1 克

鸡粉 1 克

做法：

① 洗净的竹笋切去底部，横向对半切开，切小段。

② 沸水锅中放入洗净的筒骨，汆烫约 2 分钟至去除腥味和脏污。

③ 捞出汆烫好的筒骨，沥干水分，装碗待用。

④ 砂锅注水烧热，放入汆烫好的筒骨。

⑤ 倒入泡好的淡菜。

⑥ 放入切好的竹笋，搅匀。

⑦ 加盖，用大火煮开后转小火续煮 2 小时至汤水入味。

⑧ 揭盖，加入盐、鸡粉、胡椒粉。

⑨ 搅匀调味。

⑩ 盛出煮好的淡菜竹笋筒骨汤，装碗即可。

喂养·小·贴士

汤中可放些姜片一同烹煮，可去腥提鲜。

黄豆芽排骨豆腐汤

材料：

豆腐1盒，黄豆芽200克，排骨400克，青椒150克

调料：

高汤、香葱段、姜片、盐、胡椒粉各适量

做法：

❶ 豆腐切块，青椒切丝，黄豆芽洗净。

❷ 排骨切块，焯烫一下，冲去血水，捞出。

❸ 高汤煮沸，下排骨、黄豆芽、姜片，转小火，煮约30分钟。

❹ 放入豆腐块、青椒丝。

❺ 加入盐、胡椒粉、香葱段，搅匀即可。

蘑菇浓汤

材料：

口蘑65克，奶酪20克，黄油10克，面粉12克，鲜奶油55克

调料：

盐、鸡粉、鸡汁、芝麻油、食用油各适量

做法：

❶ 口蘑切丁，加盐、鸡粉，焯煮后捞出。

❷ 炒锅注油烧热，倒入黄油，煮至溶化，放入面粉，搅匀，加入适量清水，拌匀。

❸ 倒入口蘑，加入少许鸡汁，拌匀，煮至沸腾，放入奶酪，拌匀，煮至溶化。

❹ 加入少许盐，拌匀调味，倒入鲜奶油，煮成黏稠状，淋入芝麻油，拌匀即可。

银耳珍珠汤

材料：

银耳 25 克，鸡胸肉 150 克，鸡蛋 1 个

调料：

番茄酱、菠菜汁、水淀粉、高汤、芝麻油、
盐、料酒各适量

做法：

1. 银耳用凉水泡 30 分钟，去蒂，加入
   高汤、少许盐，上锅蒸 10 分钟。
2. 鸡胸肉剔净筋皮，砸成鸡蓉，放入碗
   内，加蛋清、料酒、盐、水淀粉拌匀。
3. 鸡蓉放沸水锅中煮熟。
4. 将剩余高汤加盐，连同汤汁倒入锅内。
5. 煮沸后下入丸子，稍煮一会儿，淋入
   芝麻油即可。

苦瓜排骨汤

材料：

排骨段 170 克，苦瓜 100 克，水发黄豆
45 克，咸菜 60 克，香菇 25 克，姜片、
淮山各少许

调料：

盐少许

做法：

1. 咸菜切小块，香菇对半切开，苦瓜去
   瓜瓤切段，排骨段汆煮捞出沥干。
2. 砂锅注入适量清水烧热，倒入排骨段，
   放入苦瓜段、黄豆、香菇。
3. 倒入咸菜、淮山、姜片，拌匀烧开后
   转小火煮约 80 分钟，至食材熟透。
4. 加盐，改中火略煮，至汤汁入味即可。

骨头汤

炖汤的时候可滴入几滴香醋，能使猪大骨更好地析出钙质。

材料：

猪大骨850克，姜片、葱花各少许

调料：

盐2克，鸡粉2克，胡椒粉少许

做法：

1. 猪大骨汆煮，捞出沥干。
2. 砂锅中注入适量的清水大火烧开。
3. 倒入猪大骨、姜片，搅拌匀。
4. 加盖，大火煮开后转小火炖1小时。
5. 掀开盖，加入盐、鸡粉、胡椒粉，搅拌调味。
6. 将煮好的汤盛出装入碗中，撒上葱花即可。

西红柿牛肉汤

食用前将八角捞出，这样食用更方便。

材料：

牛腩155克，西红柿80克，八角15克，葱花、姜片各少许

调料：

盐2克，鸡粉2克，胡椒粉2克，料酒5毫升

做法：

1. 牛腩切块；西红柿切瓣儿，再切小块。
2. 砂锅注水烧开，倒入八角、牛腩块、姜片，淋上料酒。
3. 加盖，调小火煮至熟透，倒西红柿块。
4. 加盐、鸡粉、白胡椒粉，搅拌调味。
5. 关火后将煮好的汤盛出装入碗中，撒上备好的葱花，即可食用。

羊肉西红柿汤

西红柿具有健脾开胃、利水消肿、美容养颜等功效。

材料：

羊肉 100 克，西红柿 100 克

调料：

盐 2 克，鸡粉 3 克，芝麻油适量

做法：

❶ 砂锅注入高汤煮沸，放入羊肉片、西红柿，拌匀。

❷ 盖上锅盖，用小火煮约 20 分钟至熟。

❸ 揭开锅盖，放入少许盐、鸡粉。

❹ 淋入芝麻油，搅拌匀调味。

❺ 关火后盛出煮好的汤料，装碗即可。

蚕豆瘦肉汤

瘦肉丁可适当切得大一些，这样口感会更佳。

材料：

水发蚕豆 220 克，猪瘦肉 120 克，姜片、葱花各少许

调料：

盐、鸡粉各 2 克，料酒 6 毫升

做法：

❶ 瘦肉切丁，倒入沸水锅中。

❷ 淋入料酒，用大火煮约 1 分钟，汆去血水，再捞出沥干水分，待用。

❸ 砂锅注入清水烧开，倒入瘦肉丁、姜片，倒入洗净的蚕豆，淋入少许料酒。

❹ 加盖，烧开后用小火煮约 40 分钟后加盐、鸡粉，拌匀，用中火煮至入味，盛出装入碗中，撒上葱花即可。

牛肉羹

材料：

牛肉150克，韭黄40克，菜心50克

调料：

盐2克，鸡粉3克，水淀粉、芝麻油、料酒各适量

做法：

① 菜心切碎，韭黄切成小段。

② 牛肉切片，再切丝，改切成末，备用。

③ 锅中注入适量清水烧开，倒入牛肉末，淋入料酒，用小火煮5分钟，撇去浮沫。

④ 放入切好的菜心、韭黄，拌匀，加入盐、鸡粉，拌匀调味。

⑤ 用水淀粉勾芡，倒入芝麻油，拌匀，装入碗中即可。

竹笋肉羹

材料：

胡萝卜丝30克，竹笋、肉末各500克，鸡蛋2个，柴鱼、油菜各适量

调料：

盐、水淀粉、醋各适量

做法：

① 鸡蛋打散、搅匀；肉末加盐、一半蛋液搅成肉馅。

② 锅内加水，放入竹笋丝和柴鱼片，煮15分钟。

③ 加入胡萝卜丝、油菜段，煮沸后加入肉馅，边煮边搅拌。

④ 煮沸后用水淀粉勾芡，倒入剩余蛋液。

⑤ 加盐和醋调味即可。

虾仁豆腐羹

材料：

虾仁50克，鸡蛋50克，水发香菇15克，葱花2克

调料：

干淀粉8克，料酒8毫升，盐2克，芝麻油、胡椒粉各适量

做法：

1. 备好的豆腐洗净切成条，再切小块。
2. 虾仁从背上切开剔去虾线，切碎剁泥。
3. 泡发好的香菇切成丝，再切碎。
4. 备好一个大碗，倒入豆腐、香菇、虾泥，搅拌至豆腐碎。
5. 鸡蛋敲入碗中，搅拌均匀，再放入料酒、胡椒粉、盐，搅拌片刻至入味。
6. 倒入干淀粉，搅匀，倒入盘中铺平。
7. 电蒸锅注水烧开，放入豆腐羹。
8. 盖上盖，调转旋钮定时10分钟。
9. 待10分钟后掀开锅盖，取出豆腐羹。
10. 将芝麻油淋在豆腐羹上，撒上葱花即可。

（喂养·小·贴士）

豆腐除有增加营养、帮助消化、增进食欲的功能，对齿、骨骼的生长发育也有益。

香菇鸡肉羹

材料：

香菇 40 克，油菜 30 克，鸡胸肉 60 克，
软饭适量

调料：

盐、食用油各适量

....

做法：

❶ 汤锅中汁入适量清水，用大火烧开。

❷ 放入洗净的油菜，煮约半分钟至断生。

❸ 把煮好的油菜捞出，晾凉备用。

❹ 将油菜切成丝，再切成粒，剁碎。

❺ 洗净的香菇切成片，改切成粒。

❻ 洗好的鸡胸肉切碎，剁成末。

❼ 用油起锅，倒入香菇，炒香。

❽ 放入鸡胸肉，搅松散，炒至转色，加入适量清水，拌匀。

❾ 倒入适量软饭，拌炒匀，加少许盐，炒匀调味。

❿ 放入油菜，拌炒匀，盛出食材，装入碗中即成。

喂养·小·贴士

炒制时可以加入少许
芝麻油，能使成品味
道更加鲜美。

125

三瓜干贝羹

材料：

南瓜 300 克

西瓜片 200 克

冬瓜 200 克

水发干贝 100 克

葱花少许

调料：

盐 2 克

鸡粉 2 克

料酒 5 毫升

做法：

① 洗净去皮的南瓜切片，切细条后再切成粒。

② 处理好的西瓜削去绿皮，切细条后再切成粒。

③ 洗净去皮的冬瓜切片，切细条后再切成粒。

④ 锅中注入清水大火烧热，倒入泡发好的干贝，
倒入南瓜。

⑤ 再倒入西瓜、冬瓜，淋入少许料酒，拌匀。

⑥ 盖上锅盖，大火煮 30 分钟至熟透。

⑦ 掀开锅盖，加入少许盐、鸡粉。

⑧ 搅拌片刻，使食材入味。

⑨ 边缓慢倒水淀粉，边搅拌制成羹汤。

⑩ 关火，将煮好的羹汤盛出装入碗中，撒上葱花
即可。

喂养·小·贴士

加水淀粉的时候一定要边倒边搅，羹汤的口
感会更好。

香菇鸡腿粥

材料：

鸡腿 1 只

鲜香菇适量

大米 80 克

鸡汤 600 毫升

香菜段适量

调料：

水淀粉适量

熟食用油适量

盐适量

味精适量

做法：

① 鲜香菇洗净去蒂，切成片。

② 放入碗中，拌入水淀粉、熟食用油。

③ 大米洗净，放入水中浸泡片刻。

④ 鸡腿洗净、去骨，切成小块。

⑤ 拌入水淀粉、盐腌渍 10 分钟。

⑥ 锅置火上，注入适量鸡汤。

⑦ 倒入大米，煮沸后转小火。

⑧ 熬煮至黏稠，加入鸡块与香菇再煮 15 分钟。

⑨ 加盐、味精、香菜段调味。

⑩ 关火盛出即可。

喂养小·贴士

要选用大小适中的香菇，太大的香菇大多是用激素催肥的，不宜食用。

猕猴桃西米粥

材料：

西米 60 克，猕猴桃 2 个

调料：

冰糖适量

做法：

1. 西米洗净，用温水泡 1 小时。
2. 猕猴桃去皮洗净切丁。
3. 锅置火上，放入适量清水烧沸。
4. 加入西米用大火煮沸，转用小火熬煮至粥熟。
5. 加猕猴桃丁、冰糖，煮至冰糖融化即可。

滑蛋牛肉粥

材料：

大米 100 克，嫩牛肉 50 克，鸡蛋 1 个，高汤 500 毫升

调料：

胡椒粉、盐、水淀粉、嫩肉粉各适量

做法：

1. 嫩牛肉洗净切片，用胡椒粉、盐、水淀粉、嫩肉粉腌渍 10 分钟。
2. 鸡蛋打散成蛋液。
3. 大米洗净后用水浸泡 30 分钟。
4. 锅置火上，放入高汤、大米，大火煮沸后转小火熬煮 40 分钟。
5. 加入牛肉片煮沸，淋入蛋液，顺时针搅开即可。

鸡肉木耳粥

材料：

鸡胸肉 30 克，水发木耳 20 克，软饭 180 克

做法：

① 将洗净的鸡胸肉切碎，剁成肉末。

② 把洗好的木耳切碎。

③ 锅中加入适量清水，用大火烧热。

④ 倒入适量软饭，拌匀。

⑤ 盖上盖，用小火煮 20 分钟至软饭煮烂。

⑥ 揭盖，倒入鸡肉末，搅拌匀。

⑦ 再放入木耳，拌匀。

⑧ 盖上盖，用小火煮 5 分钟至食材熟透。

⑨ 揭盖，用锅勺搅拌均匀，煮沸。

⑩ 将煮好的粥盛出，装入碗中即可。

喂养小贴士

木耳宜用温水泡发，泡发后仍然紧缩在一起的部分不宜食用。

丝瓜猪肝瘦肉粥

材料：

丝瓜 30 克

鲜猪肝 40 克

猪瘦肉 50 克

大米 80 克

姜片适量

香菜段适量

高汤适量

调料：

盐适量

味精适量

做法：

① 丝瓜去皮、洗净、切片。

② 大米洗净后，用清水浸泡 30 分钟左右。

③ 猪肝洗净，切成薄片。

④ 瘦肉洗净，切成薄片，与猪肝一同放入碗中，加少许盐腌渍 10 分钟。

⑤ 锅内放入高汤、大米，大火煮沸。

⑥ 加入猪瘦肉片、姜片。

⑦ 加盖，转小火熬煮 30 分钟左右。

⑧ 揭盖加入猪肝片、丝瓜，加盖煮 15 分钟左右。

⑨ 加入盐、味精调味。

⑩ 撒上香菜段，盛出即可。

喂养·小·贴士

猪肝切片后应及时加调料和水淀粉拌匀，腌渍后及时入锅，以免营养成分流失。

健康小零食

蜜瓜布丁

材料：

鱼胶粉 8 克

牛奶 250 毫升

哈蜜瓜 50 克

调料：

白砂糖 25 克

做法：

1. 鱼胶粉与白砂糖混合匀。
2. 哈蜜瓜打成果泥。
3. 牛奶倒入奶锅中，加热至冒热气，倒入鱼胶粉，充分搅拌均匀。
4. 煮好的牛奶倒入果泥中。
5. 倒入容器内，冷却后放入冰箱冻至凝固即可。

喂养·小·贴士

溶化鱼胶粉时如果出现结块，用勺子按压一下。

陈皮红豆沙

材料：

水发红豆 300 克

陈皮 20 克

调料：

冰糖 70 克

做法：

1. 砂锅注水，高温加热。
2. 放入备好的水发红豆，倒入洗净的陈皮，拌匀。
3. 加盖，煮约 150 分钟，至红豆熟软。
4. 倒入冰糖，边煮边搅拌，至糖分完全溶化即可。

喂养·小·贴士

陈皮用热水泡软，更易析出有效成分。

夹心饼干

材料：

黄油 50 克，低筋面粉 200 克，盐 2 克

调料：

白砂糖 60 克，巧克力酱适量

做法：

1. 白砂糖、黄油倒入碗中，打发至泛白。
2. 加入盐，搅拌匀，分次加入低筋面粉，充分揉匀。
3. 取适量面团分成数个剂子。
4. 取一个剂子，捏成小碗状，挤入巧克力酱，包住，搓成小圆饼状，放入烤盘。
5. 烤盘放入预热好的烤箱，上下火 165℃，烤 20 分钟即可。

红豆红糖年糕汤

材料：

水发红豆 50 克，年糕 80 克

调料：

红糖 40 克

做法：

1. 锅中注水烧开，倒入洗净的红豆。
2. 加盖，用小火煮 15 分钟至红豆熟软。
3. 把年糕切成小块。
4. 揭开盖，倒入切好的年糕，加入适量红糖。
5. 拌匀，用小火续煮 15 分钟至年糕熟软为止。
6. 关火后把煮好的甜汤盛入碗中即可。

造型饼干

材料：

无盐黄油 120 克

鸡蛋 1 个

低筋面粉 250 克

杏仁粉 50 克

泡打粉 10 克

调料：

砂糖 100 克

盐 10 克

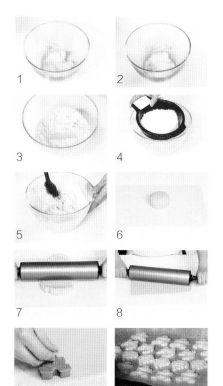

做法：

❶ 黄油室温软化，将黄油搅打顺滑。

❷ 分 2~3 次加砂糖打发黄油。

❸ 将蛋液分次加入黄油中，搅打成黄油糊状态。

❹ 低筋面粉、杏仁粉、泡打粉加入打发后的黄油糊中。

❺ 使用橡皮刮刀切拌，搅拌到看不到干粉。

❻ 将搅拌好的面糊揉成面团。

❼ 擀成 3 厘米面片放冰箱冷藏 1 小时。

❽ 取出，撒上面粉擀成厚度约 0.5 厘米的面片。

❾ 再使用饼干模具按压出各种形状。

❿ 移至铺好油纸的烤盘上，放入 170~180℃烤箱烘烤 13~15 分钟即可。

喂养小贴士

水不宜加太多，否则饼干生坯不易成形。

华 夫 饼

材料：

鸡蛋 1 个

牛奶 100 毫升

蜂蜜 10 克

黄油 30 克

低粉 100 克

泡打粉 3 克

调料：

细砂糖 20 克

做法：

① 低粉和泡打粉混合均匀过筛。

② 黄油隔水融化。

③ 鸡蛋加细砂糖打散。

④ 加入牛奶、蜂蜜、融化的黄油，用手动打蛋器
混合均匀。

⑤ 静置至少 30 分钟待用。

⑥ 过筛加入混合好的低粉和泡打粉。

⑦ 华夫饼机子预热好之后，薄薄地刷一层融化的
黄油防粘，将旋钮调整到烤制模式。

⑧ 将面糊倒入华夫饼机子。

⑨ 倒满后盖上盖子，翻转待成熟。

⑩ 成熟后取出放在晾网上，略冷却之后再装盘。

喂养小·贴士

蜂蜜含有多种维生素，多食可以增强婴幼儿
免疫力。

奶香蜜豆糕

煮白糖、鱼胶粉时火候不宜过大,以
免煮煳。

材料:

牛奶150毫升,蜜豆70克,鱼胶粉10克,
淡奶油100克

调料:

白砂糖70克

做法:

❶ 白砂糖、鱼胶粉倒入碗中,混合匀。

❷ 牛奶倒入奶锅中加热至冒热气,倒入
鱼胶粉,拌至融化。

❸ 关火,倒入淡奶油,搅拌均匀,再加
入蜜豆,搅拌片刻。

❹ 将奶浆倒入模具中,再放入冰箱冷藏
1小时以上至完全凝固。

❺ 取出脱模,修去四边,切块装盘即可。

果酱花饼

可在生坯上刷一层蛋黄,这样烤好的
饼干颜色更佳。

材料:

酵母5克,温水90毫升,低筋面粉150克,
黄油50克,鸡蛋40克,食粉1克

调料:

草莓果酱适量

做法:

❶ 低筋面粉内加入酵母、食粉,混合匀。

❷ 在粉内开窝,加温水、鸡蛋,揉成面团。

❸ 放入黄油,充分混合匀,用擀面杖将
面皮擀薄,用模具压出花形面皮。

❹ 用叉子在面皮上打上小洞,面皮放入
烤盘,在花心内装饰上草莓果酱。

❺ 烤盘放入预热好的烤箱内,上火
200℃、下火190℃,烤15分钟即可。

香蕉多士卷

香蕉是淀粉质丰富的有益水果，可清热润肠，但食用青香蕉容易拉肚子。

材料：

吐司2片，香蕉40克，黄油少许

做法：

1. 吐司修去四边，用擀面杖将其擀扁。
2. 平铺放入香蕉，用吐司将其卷起。
3. 上面刷上一层黄油。
4. 放入预热好的烤箱内，上下火160℃。
5. 烤至金黄色，取出即可。

芝麻瓦片

芝麻具有补肝益肾、增强免疫力、健脑益智等功效。

材料：

蛋白60克，黄油25克，低筋面粉60克，芝麻适量

调料：

白砂糖100克

做法：

1. 蛋白、白砂糖倒入碗中，搅拌匀，加入低筋面粉，充分搅拌匀。
2. 黄油隔水加热至融化，倒入面浆内。
3. 加入备好的芝麻，搅拌均匀。
4. 将制好的面浆冷藏半小时后取出。
5. 烤盘铺上锡纸，取适量面浆放在锡纸上，压成薄片放入预热好的烤箱内。
6. 上火135℃，下火140℃，烤15分钟。

香蕉玛芬

材料：

低筋粉 100 克，鸡蛋 30 克，牛奶 65 克
去皮香蕉 120 克，泡打粉 5 克

调料：

玉米油 30 克，白砂糖 20 克，
红糖 20 克

1   2

3   4

5   6

8

9   10

做法：

❶ 香蕉去皮压成泥状。

❷ 将低筋粉、泡打粉混合过筛。

❸ 鸡蛋打散。加入牛奶轻轻搅匀。

❹ 再加入油、白糖、红糖搅拌均匀。

❺ 加入到压好的香蕉泥里搅拌均匀。

❻ 加入过筛过的粉，轻轻搅拌均匀。

❼ 搅拌好的面糊装入玛芬杯，八分满即可。

❽ 表面盖上香蕉片。

❾ 烤箱提前预热到 170℃，放入烤箱中层烤 30
    分钟。

❿ 烤至蛋糕上色，膨胀开裂即可。

喂养·小·贴士

香蕉和牛奶都为低热
量食物，成长期幼儿
可以多食。

137

香草泡芙

材料：

泡芙：黄油 69 克

牛奶 68 毫升

低粉 70 克

鸡蛋 121 克

香草奶油馅：牛奶 268 克

蛋黄 38 克

玉米淀粉 22 克

香草荚 1 根

淡奶油 200 克

调料：

糖 40 克

盐 2 克

做法：

① 将黄油、牛奶、盐、糖、水放到锅里加热。

② 加入过筛的低粉搅拌均匀。

③ 开小火加热，边加热边用橡皮刮刀不断从底部铲起来。

④ 分次加鸡蛋液，面糊呈倒三角形状完成面糊。

⑤ 烤箱预热 200℃，面糊装入裱花袋，挤出大小一样的圆形，中间要留有空隙。

⑥ 放入烤箱中层烤，大约 10 分钟待完全膨胀后转成 180℃，烘烤 15 分钟左右。

⑦ 刮出香草籽和香草荚一起放入牛奶中煮。

⑧ 蛋黄加糖，加入玉米淀粉搅拌均匀。

⑨ 把牛奶的三分之一加入蛋黄，搅至浓稠状离火

⑩ 淡奶油和牛奶蛋黄糊混匀，挤入泡芙中即可。

（喂养·小·贴士）

泡芙馅奶油成品很重，应适量控制幼儿的食用量。

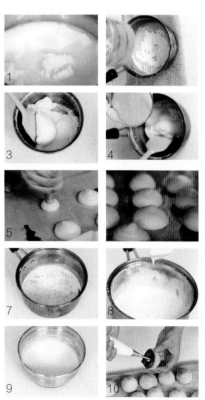

玛德琳蛋糕

材料：

低筋粉 100 克

黄油 100 克

牛奶 25 毫升

全蛋 2 个

泡打粉 3 克

调料：

糖 75 克

做法：

1. 黄油用小锅加热融化，继续小火煮到焦色，过滤后冷却待用。
2. 全蛋加入砂糖用电动打蛋器打至糖融化。
3. 加入混合过筛的低筋粉和泡打粉，用手动打蛋器搅拌均匀至无干粉。
4. 加入牛奶搅拌均匀。
5. 分次加入黄油搅拌匀。
6. 盖保鲜膜静置或者冷藏至少一个小时。
7. 面糊挤入模具八分满。
8. 烤箱预热 190℃，放入烤箱中层约烤 8 分钟。
9. 烤至看到边缘略带金色。
10. 出炉稍凉 1~2 分钟，即可扣出冷却。

喂养·小·贴士

牛奶含有脂肪、磷脂、蛋白质，具有补钙的功效，适合成长期的幼儿食用。

Chapter 4　0~6 岁益智宝宝功能性食谱

多吃饭，少吃药。每一位妈妈肯定都想自己的孩子可以做到这点。而现在，只要你学会挑选适合恰当的食谱，你就可以帮你宝宝做到。本章节就是根据宝宝的生长发育特点和生理需要，特别为 0~6 岁益智宝宝设置的功能性食谱。

宝宝营养不均衡的表现

错误的饮食习惯和不恰当的膳食结构，都会导致宝宝有营养不均衡的现象出现。但具体营养不均衡的表现是什么呢？又怎么能简单从食物中得到补充呢？

如何判断宝宝缺失这些营养？

1 宝宝缺锌

锌是人体必需的微量元素，在人体生长发育、生殖遗传、免疫、内分泌等重要生理过程中起着极其重要的作用。缺锌时，宝宝可能会出现厌食、生长发育落后、异食癖、皮肤黏膜症状、易感染等现象。

3 宝宝缺钙

钙是人体骨骼、牙齿的重要组成物质。宝宝缺钙，表现为夜惊夜啼、易出虚汗、偏食厌食、烦躁不安、免疫力低下、骨骼发育不良、出牙晚、说话迟等。

2 宝宝缺铁

铁是血红蛋白的重要部分，还是许多酶和免疫系统化合物的成分。缺铁时，可能导致宝宝贫血、怕冷、抵抗力较弱、头发稀疏、表情严肃等。

4 宝宝缺维生素

维生素是维持人体生命活动必需的一类有机物质，也是保持人体健康的重要活性物质。缺乏维生素 A 会导致夜盲症、皮肤干燥粗糙、头发稀疏等；缺乏维生素 B_1 会导致食欲不振、生长缓慢、易患脚气病等；缺乏维生素 B_2 易患溃疡、皮炎、角膜炎等；缺乏维生素 C 导致抵抗力下降，易患坏血病、智力发育落后等；缺乏维生素 D 易患佝偻病，主要表现有枕秃、多汗、囟门迟闭、烦躁不安等症状。

从哪些食材中能更好地补充营养？

错误的饮食习惯和不恰当的膳食结构，都会导致宝宝有营养不均衡的现象出现。但具体营养不均衡的表现是什么呢？又怎么能简单从食物中得到补充呢？

从哪些食材中能更好的补充营养

1 富含锌的食材

猪肉、羊肉、动物肝、蟹肉、虾皮、鸡肉、鸡鸭蛋黄、带鱼、沙丁鱼、鲳鱼、黄鱼、紫菜、黄豆、白萝卜、胡萝卜、茄子、玉米面、小米、小麦、芹菜、土豆、大白菜、苹果、香蕉。

2 富含铁的食材

西红柿、油菜、芹菜、杏、桃、李子、橘子、大枣、瘦肉、蛋黄、动物肝脏、肾脏等，由于食物中的铁质不易吸收，需要同时服用维生素 C，促进铁元素的吸收。

4 富含维生素的食材

维生素 A：含胡萝卜素的绿色蔬菜、胡萝卜、红心白薯、玉米和橘子等。

维生素 B_1：主要存在于种子的外皮和胚芽中，如米糠和麸皮中含量很丰富，在酵母菌中含量也极丰富，瘦肉、白菜和芹菜中含量也较丰富。

维生素 B_2：动物的肝、肾、心和奶类、蛋类、鱼蟹类及食用菌类的含量最为丰富，在各类干果、新鲜水果、豆类和绿叶蔬菜中也含有一定的维生素 B_2。

维生素 C：鲜枣、沙棘、柚子、桂圆、西红柿、草莓、甘蓝、黄瓜、柑橘、白菜、油菜、香菜、菠菜、芹菜等。

维生素 D：鱼肝油、三文鱼等。

3 富含钙的食材

牛奶、豆浆等，豆类，鱼虾类，榛子、花生等干果，海带、木耳、香菇、芝麻酱以及许多绿色蔬菜等都是钙的良好来源。

补钙食谱——
让宝宝身体棒棒

牛奶白菜汤

材料：

大白菜 50 克

牛奶 50 毫升

调料：

盐适量

水淀粉适量

味精适量

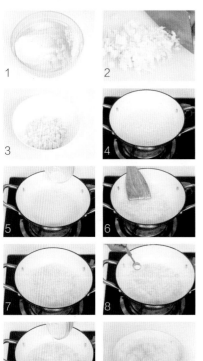

做法：

① 大白菜去除老叶，用清水洗净。

② 大白菜切片，改切成小丁。

③ 装盘待用。

④ 锅中注入 100 毫升清水，煮沸。

⑤ 倒入牛奶烧沸。

⑥ 放入白菜丁，搅拌均匀。

⑦ 煮至白菜熟软。

⑧ 加入盐、味精搅拌均匀。

⑨ 倒入水淀粉勾芡。

⑩ 搅拌均匀，关火后用小碗盛出即可。

喂养·小·贴士

白菜含有蛋白质、膳食纤维、胡萝卜素、B 族维生素、维生素 C、钙、铁、铜等营养成分。

蛋酥核桃仁

材料：

核桃仁30克，鸡蛋1个，红薯粉30克

调料：

盐2克，食用油适量

做法：

① 锅中注水烧开，放入少许盐。

② 倒入核桃仁，用大火加热，煮至沸。

③ 将焯过水的核桃仁捞出，备用。

④ 将鸡蛋打入碗中，备用。

⑤ 把核桃仁装入碗中，加入蛋黄，抓匀。

⑥ 放入适量红薯粉，搅拌均匀。

⑦ 把核桃仁装入盘中。

⑧ 热锅注油，烧至四成热。

⑨ 放入核桃仁，炸约1分30秒至熟。

⑩ 将炸好的蛋酥核桃仁装入盘中即可。

喂养·小·贴士

核桃仁外衣有苦味，焯煮好捞出后，可以去掉外衣再烹饪。

牛奶土豆泥

切好的土豆可在冷水中浸泡片刻，味道会更好。

材料：

土豆 1 个，牛奶半杯

调料：

蜂蜜少许

做法：

1. 土豆洗净去皮，切成薄片，装入盘中待用。
2. 把土豆放入清水中煮 20 分钟左右，取出。
3. 捣碎土豆。
4. 取干净奶锅，倒入土豆泥、牛奶，加热搅匀，加入蜂蜜，搅匀。
5. 关火，取小碗盛出即可。

焖冬瓜

冬瓜焖煮的时间要控制好，以保证它的鲜嫩度和成品的口感。

材料：

冬瓜 250 克，瘦猪肉 50 克，榨菜 8 克，海米 10 克，葱花、姜末、蒜泥、高汤适量

调料：

芝麻油、食用油、盐各适量

做法：

1. 冬瓜去皮、去瓤，洗净，切厚片。
2. 瘦猪肉、榨菜、海米分别洗净，剁成末。
3. 葱花、姜末、蒜泥煸炒出香味。
4. 倒入冬瓜炒匀，倒入高汤，煮至沸腾。
5. 加入肉末、榨菜末、海米末，加盐，焖烧至冬瓜熟软，淋上芝麻油，装盘即可。

上汤娃娃菜

豆皮炒青菜

喂养·小·贴士

在煮食娃娃菜的时候，注意时间不宜过长，以免营养流失。

喂养·小·贴士

油菜不经过焯水，炒制时可以多放些食用油，吃起来也更加嫩脆。

材料：

娃娃菜500克，虾米50克，松花蛋1个，蒜、姜各适量

调料：

盐、高汤、食用油适量

做法：

1 娃娃菜去老帮、老菜叶，洗净。

2 松花蛋切碎；虾米温水浸发。

3 蒜去皮，洗净，切片；姜洗净切丝。

4 锅中放食用油，到入虾米、蒜片、松花蛋碎、姜丝，用小火煎香。

5 倒入高汤、盐大火煮沸，放入娃娃菜煮熟即可。

材料：

豆皮30克，油菜75克

调料：

盐2克，鸡粉少许，生抽2毫升，水淀粉2毫升，食用油适量

做法：

1 将豆皮切成小块，油菜切成小块。

2 豆皮放入油锅炸至酥脆，捞出待用。

3 锅底留油，倒油菜，加盐、鸡粉，倒少许水，下入炸好的豆皮，翻匀。

4 淋入少许生抽，翻炒至豆皮松软，倒入水淀粉勾芡。

5 将炒好的菜盛出，装入盘中即可。

茄子炒牛肉

材料：

茄子 250 克

牛肉 150 克

青辣椒 50 克

红辣椒 50 克

大蒜适量

生姜适量

调料：

盐适量　　　　　料酒适量

食用油适量　　　水淀粉适量

味精适量　　　　芝麻油适量

沙茶酱适量　　　胡椒粉适量

辣椒酱适量

老抽适量

做法：

① 茄子洗净切片。

② 牛肉洗净切片。

③ 将牛肉倒入沸水中焯煮片刻，捞出沥干，装盘备用。

④ 青、红辣椒洗净，切片。

⑤ 炒锅中倒入油，茄子片煎至两面呈浅金黄色。

⑥ 炒锅中倒油，放入蒜末、青椒片、红椒片炒香。

⑦ 加入牛肉片翻炒片刻。

⑧ 加入味精、水、沙茶酱、辣椒酱、老抽、料酒、芝麻油、胡椒粉、姜片滑炒至熟。

⑨ 放入茄子片炒匀。

⑩ 加水淀粉勾芡，装盘即可。

喂养小·贴士

牛肉属高蛋白、低脂肪的食品，其富含多种氨基酸和矿物质，具有消化吸收率高的特点。

玉米排骨鲜汤

材料：

玉米段 200 克

排骨 200 克

姜片少许

葱花少许

葱段少许

调料：

料酒 8 毫升

盐 2 克

做法：

❶ 锅中注入适量的清水大火烧热。

❷ 倒入备好的排骨，淋入少许料酒。

❸ 汆煮去血水，将焯好的排骨捞出，沥干水分。

❹ 锅中注入适量的清水大火烧开。

❺ 倒入玉米、排骨、姜片、葱段，搅拌片刻。

❻ 盖上锅盖，烧开后转小火煮 1 个小时使其熟透。

❼ 掀开锅盖，加入少许的盐。

❽ 搅拌片刻，使食材入味。

❾ 关火，将煮好的汤盛出装入碗中。

❿ 撒上葱花即可。

喂养·小·贴士

排骨汆水时间不要太长，避免影响口感。

鳕鱼片

鳕鱼含有幼儿发育所需的多种氨基酸，而且极易消化吸收。

材料：

鳕鱼 150 克，鸡蛋 1 个，葱花适量

调料：

料酒、醋、生抽、白糖、姜汁、食用油、淀粉、芝麻油、水淀粉各适量

做法：

1 鳕鱼洗净切片，用蛋黄、干淀粉浆好。

2 油锅烧热，将鱼片下入炸透，捞出。

3 锅内加入清水，倒入姜汁、醋、白糖、料酒、生抽。

4 放入鱼片，用水淀粉勾芡，沿锅边倒入适量油。

5 将鱼片翻转，淋芝麻油，撒葱花即可。

蚕豆炖牛肉

蚕豆含有蛋白质、碳水化合物，具有增强免疫力、帮助消化等功效。

材料：

牛肉 500 克，蚕豆 250 克，葱、姜适量

调料：

盐、味精、料酒各适量

做法：

1 牛肉洗净切块；蚕豆洗净；姜洗净切片；葱洗净切段。

2 锅内加水烧沸，加入牛肉块焯煮片刻，捞出备用。

3 取砂锅，放入牛肉块、蚕豆、姜片、葱段、料酒。

4 加入清水，用中火炖至牛肉熟烂。

5 加入盐、味精，调匀即可。

鱼丸炖鲜蔬

材料：

草鱼肉300克，油菜80克，鲜香菇45克，胡萝卜70克，姜片少许

调料：

盐3克，鸡粉4克，胡椒粉、水淀粉、食用油各适量

1   2

3   4

5   6

7   8

9   10

做法：

❶ 将洗净的香菇切成片。

❷ 去皮的胡萝卜对半切开，切上花刀，切成片。

❸ 洗净的油菜对半切开，修整齐。

❹ 草鱼去皮，去骨，剁成肉泥，加适量盐、鸡粉、胡椒粉、水淀粉搅至起浆。

❺ 锅中注水烧开，把鱼肉泥制成鱼丸，放入锅中。

❻ 拌匀，煮至鱼丸浮在水面上，捞出备用。

❼ 另起锅，注水烧热，放入姜片、胡萝卜、油菜、香菇。

❽ 加入适量盐、鸡粉，拌匀调味。

❾ 放入煮好的鱼丸。

❿ 搅匀，用大火煮沸，将汤料盛出，装碗即成。

喂养小贴士

搅拌鱼肉泥时，一定要搅拌充分，以保证成品口感均匀。

虾皮炒茼蒿

材料：

虾皮 20 克，茼蒿 200 克，彩椒 45 克，
蒜末少许

调料：

盐 2 克，鸡粉 2 克，料酒 10 毫升，
食用油适量

做法：

① 洗净的茼蒿切去根部，再切成段，备用。

② 洗好的彩椒切条，备用。

③ 用油起锅，放入蒜末、虾皮，炒出香味。

④ 将切好的彩椒放入锅中，翻炒均匀。

⑤ 淋入料酒，炒匀提鲜。

⑥ 放入切好的茼蒿。

⑦ 翻炒均匀至变软。

⑧ 加入少许盐、鸡粉。

⑨ 炒匀调味。

⑩ 关火后盛出炒好的茼蒿，装入盘中即可。

喂养·小·贴士

虾皮本身带有咸味，可以酌情少放些调料。

152

京都排骨

材料：

排骨 350 克
蒜片 30 克
姜片 20 克
葱碎 20 克
五香粉 10 克
生粉 30 克

调料：

番茄酱 30 克　　　陈醋 4 毫升
盐、白糖各 2 克　　料酒 4 毫升
鸡粉 3 克　　　　　胡椒粉适量
水淀粉 4 毫升　　　食用油适量
生抽 5 毫升

1

2

3

4

5

6

7

8

9

10

做法：

❶ 排骨装碗，加适量盐，淋入料酒、适量生抽。

❷ 再加入适量鸡粉，放入胡椒粉、五香粉。

❸ 倒入蒜片、姜片、葱碎，搅拌匀。

❹ 撒上生粉，拌匀，腌渍 30 分钟。

❺ 热锅注入适量食用油，烧至七成热。

❻ 倒入排骨，搅拌均匀，将排骨炸熟，捞出，沥干油分，待用。

❼ 取一个碗，注水，放入生抽、陈醋、盐、鸡粉。

❽ 再放入白糖、番茄酱、水淀粉，搅拌匀，制成酱汁。

❾ 将酱汁倒入锅中，翻炒加热。

❿ 倒入炸好的排骨，搅拌匀，使排骨裹上酱汁，盛出，摆上装饰即可。

喂养小·贴士

炸排骨时可多搅拌一下，能使受热更均匀。

虾米炒茭白

材料：

茭白 100 克，虾米 60 克，姜片、蒜末、葱段各少许

调料：

盐 2 克，鸡粉 2 克，料酒 4 毫升，生抽、水淀粉、食用油各适量

做法：

① 洗净的茭白切成片。

② 将切好的茭白装入盘中，待用。

③ 用油起锅，放入姜片、蒜末、葱段，爆香。

④ 倒入虾米，炒匀，淋入料酒，炒香。

⑤ 放入茭白，炒匀，加入盐、鸡粉，炒匀调味。

⑥ 倒入适量清水，翻炒片刻。

⑦ 加入适量生抽，拌炒匀。

⑧ 倒入适量水淀粉。

⑨ 将锅中食材快速拌炒均匀。

⑩ 将炒好的材料盛出，装入盘中即成。

1

2

3

4

5

6

7

8

9

10

喂养小·贴士

茭白入锅炒制前可先用水焯一下，以除去其中含有的草酸。

滑蛋牛肉

材料：

牛肉 100 克，鸡蛋 2 个，葱花少许

调料：

盐 4 克，水淀粉 10 毫升，鸡粉、食粉、生抽、味精、食用油各适量

做法：

❶ 洗净的牛肉切薄片，装入碗中。

❷ 加入少许食粉、生抽、盐、味精，拌匀。

❸ 加少许水淀粉，拌匀。

❹ 再倒入少许食用油，腌渍 10 分钟。

❺ 鸡蛋打入碗中，加少许盐、鸡粉、水淀粉，搅匀。

❻ 热锅注油，烧至五成热，倒入腌渍好的牛肉，滑油至转色。

❼ 将牛肉捞出备用。

❽ 把牛肉倒入蛋液中，加葱花，搅匀。

❾ 锅底留油，烧热，倒入蛋液，煎片刻。

❿ 快速翻炒匀，至熟透，将炒好的材料盛出装盘即成。

喂养·小·贴士

炒制此菜时加少许芝麻油，味道会更鲜香。

补铁食谱——
提高宝宝造血功能

奶油鱼丸子汤

材料：

鱼肉泥 200 克

鸡蛋 1 个

豌豆苗适量

奶油适量

奶粉适量

面粉适量

牛奶适量

调料：

盐适量

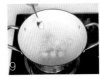

做法：

1 鸡蛋磕入碗中，打散。

2 豌豆苗洗净，切成末。

3 鸡蛋液倒入鱼肉泥中，搅拌均匀。

4 制成小丸子，装入盘中待用。

5 锅烧热，放奶油化开。

6 加入面粉翻炒，加入牛奶及奶粉，搅拌成白色浆糊，盛出。

7 锅置火上，加入清水煮沸。

8 放入小丸子煮沸。

9 加入盐调味。

10 放入白色浆糊和豌豆苗末，煮熟即可。

喂养·小·贴士

注入的清水以没过食材为佳，不可过多，以免稀释了鱼丸的鲜味。

黑芝麻小米粥

材料：

小米 150 克

黑芝麻 30 克

调料：

白糖适量

做法：

1. 小米清洗干净。
2. 黑芝麻洗净晾干。
3. 用研钵将黑芝麻慢慢研成粉末。
4. 锅内加入适量清水，放在火上。
5. 加入小米，用大火煮沸。
6. 转小火熬煮，至小米熟软。
7. 加入白糖，搅拌均匀。
8. 加入黑芝麻粉。
9. 搅拌均匀。
10. 关火，用小碗盛出，晾凉即可。

喂养小·贴士

> 砂锅中的水最好煮开后再倒入食材，这样米粒就不容易粘锅底了。

香菇烧豆腐

材料：

豆腐 60 克，鲜香菇 50 克

调料：

盐3克，味精2克，食用油、料酒、水淀
粉各少许

做法：

1 鲜香菇去蒂切片，焯煮片刻，捞出。

2 豆腐切成小方块，焯煮片刻，捞出。

3 锅中倒入食用油烧热，加入豆腐块煸
炒一会儿。

4 放入香菇片和适量清水、料酒、盐、
味精。

5 大火烧 5 分钟，用水淀粉勾芡即可。

手抓饭

材料：

大米 50 克，土豆、洋葱、胡萝卜各 100 克

调料：

盐少许

做法：

1 大米洗净，浸泡半个小时；土豆去皮
切丁；洋葱、胡萝卜分别洗净切丁。

2 大米放入电饭锅，加适量清水煮熟。

3 锅置火上，加入适量清水，倒入土豆
丁、洋葱丁、胡萝卜丁翻炒均匀。

4 加入盐调味。

5 将米饭铺在上面，加盖，小火煮 20
分钟即可。

肉末炒芹菜

芹菜含有蛋白质、纤维素、维生素 A、维生素 B_2、维生素 C 和维生素 P。

材料：

瘦猪肉 250 克，芹菜 100 克，葱姜适量

调料：

食用油、生抽、盐、料酒各适量

做法：

❶ 猪肉剁成末；葱、姜分别洗净，切成末。

❷ 芹菜去根、叶，洗净，切成末，用沸水焯煮片刻，捞出沥干。

❸ 锅置火上，倒入食用油，放入葱末、姜末煸炒出香味。

❹ 放入肉末翻炒几下，加入生抽、盐、料酒，翻炒均匀。

❺ 加入芹菜末，炒熟即可。

山药菠菜汤

菠菜含有蛋白质、粗纤维、灰分、胡萝卜素、钙、磷、铁等营养成分。

材料：

山药 20 克，菠菜 300 克

调料：

盐、味精、芝麻油各适量

做法：

❶ 用刮刀刮去山药表皮，切成薄片。

❷ 菠菜择好，去掉老叶，洗净，切段。

❸ 汤锅置于大火上，加入适量清水烧开，放入山药片，煮 20 分钟左右。

❹ 放入菠菜段，煮熟。

❺ 加入盐、味精，搅拌均匀，滴入芝麻油，搅拌均匀，关火即可。

黑木耳煲猪腿肉

材料：

猪腿肉300克，黑木耳40克，红枣10克，姜片、桂圆、枸杞各5克，清汤适量

调料：

盐、味精、料酒、胡椒粉各适量

做法：

① 黑木耳洗净，撕成小朵，装入盘中备用。

② 红枣、桂圆、枸杞分别洗净。

③ 猪腿肉切块，放入沸水中焯烫。

④ 锅中倒入清汤。

⑤ 加入猪腿肉块、料酒、黑木耳、红枣、桂圆、枸杞子、姜片。

⑥ 加盖，煲2小时。

⑦ 打开盖，加入盐、味精、胡椒粉。

⑧ 搅拌均匀。

⑨ 盖上盖，再煲15分钟。

⑩ 关火，盛入碗中即可。

喂养小贴士

黑木耳性平，味甘，营养丰富，富含蛋白质、脂肪、多糖等营养素，营养价值极高。

菠菜疙瘩汤

材料：

菠菜100克，金针菇100克，胡萝卜45克，洋葱50克，面粉150克

调料：

盐3克，鸡粉2克，食用油适量

做法：

① 将洗净的洋葱切成丝。

② 洗好去皮的胡萝卜切成片，改切成丝。

③ 洗净的金针菇切去根部。

④ 洗好的菠菜切成粒，剁成末。

⑤ 将面粉放入碗中，加入少许盐、鸡粉，拌匀。

⑥ 放入菠菜末，倒入适量清水，搅成面糊。

⑦ 锅中注入适量清水烧开，放入适量盐、鸡粉、食用油、胡萝卜丝。

⑧ 将面糊做成丸子，放入沸水锅中煮2分钟至熟。

⑨ 放入金针菇、洋葱，再煮1分钟至熟。

⑩ 用锅勺搅拌均匀。将汤料盛出，装入碗中即可。

（喂养小·贴士）

儿童常食菠菜，有助于维持正常视力和上皮细胞的健康，增强抵抗传染病的能力。

黑豆莲藕鸡汤

材料：

水发黑豆 100 克

鸡肉 300 克

莲藕 180 克

姜片少许

调料：

盐少许

鸡粉少许

料酒 5 毫升

做法：

① 将洗净去皮的莲藕对半切开，再切成块，改切成丁。

② 洗好的鸡肉切开，再斩成小块。

③ 锅中注入适量清水烧开，倒入鸡块，搅动几下，再煮一会儿。

④ 去除血水后捞出，沥干水分，待用。

⑤ 砂锅中注入适量清水烧开，放入姜片。

⑥ 倒入氽过水的鸡块，放入洗好的黑豆。

⑦ 倒入藕丁，淋入少许料酒，盖上盖，煮沸后用小火炖煮约 40 分钟，至食材熟透。

⑧ 取下盖子，加入少许盐、鸡粉。

⑨ 搅匀调味，续煮一会儿，至食材入味。

⑩ 关火后盛出煮好的鸡汤，装入汤碗中即成。

喂养·小·贴士

煮汤前最好将黑豆泡软后再使用，这样可以缩短烹饪的时间。

猪肝炒木耳

材料：

猪肝 180 克
水发木耳 50 克
姜片少许
蒜末少许
葱段少许

调料：

盐 4 克
鸡粉 3 克
料酒适量
生抽适量
水淀粉适量
食用油适量

做法：

① 将洗净的木耳切成小块。

② 洗好的猪肝切成片。

③ 把猪肝装入碗中，加入少许盐、鸡粉、料酒。

④ 抓匀，腌渍 10 分钟至入味。

⑤ 锅中注水烧开，加 2 克盐，放入木耳，焯水 1 分钟至其八成熟。

⑥ 将焯过水的木耳捞出，备用。

⑦ 用油起锅，放入姜片、蒜末、葱段，爆香。

⑧ 倒入猪肝，炒匀，淋入料酒，炒香。

⑨ 放入焯好的木耳，拌炒匀，加入适量盐、鸡粉、生抽，炒匀调味。

⑩ 倒入适量水淀粉勾芡，将炒好的材料盛出，装入盘中即成。

喂养小·贴士

木耳焯水的时间不要太长，以免过于熟软，影响成品外观和口感。

芹菜豆皮干

材料：

豆皮 110 克，芹菜 100 克，蒜末、姜片各少许

调料：

盐、鸡粉各 2 克，胡椒粉 3 克，食用油适量

做法：

❶ 芹菜切段，豆皮切块。

❷ 热锅注油，放入豆皮炸至两面呈金黄色捞出，沥干放凉，切成小段。

❸ 用油起锅，放入姜片、蒜末，爆香。

❹ 倒入芹菜段，炒香。

❺ 放豆皮段炒匀，注入适量清水，加入盐、鸡粉、胡椒粉翻炒至入味即可。

糖醋菠菜

材料：

菠菜 280 克，姜丝 25 克，干辣椒丝 10 克

调料：

白糖 2 克，白醋 10 毫升，盐、食用油、花椒粒各适量

做法：

❶ 菠菜去根部，切长段，倒入沸水中，汆煮至断生，捞出沥干。

❷ 菠菜段装盘中，铺上姜丝、干辣椒丝。

❸ 锅中注水，加盐、白糖、白醋，拌匀成糖醋汁，浇在菠菜上。

❹ 另起锅注油，倒入花椒粒，爆香。

❺ 将花椒粒捞出，热油浇在菠菜上即可。

水煮猪肝

材料：

猪肝 300 克，白菜 200 克，姜片、葱段、蒜末各少许

调料：

盐、鸡粉各3克，料酒4毫升，水淀粉8毫升，豆瓣酱15克，生抽4毫升，辣椒油7毫升，花椒油3毫升，食用油适量

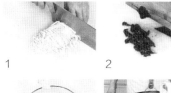
1

2

3

5

6

7

8

9

10

做法：

❶ 将洗净的白菜切成细丝。

❷ 处理干净的猪肝切开，改切成薄片。

❸ 猪肝加盐、鸡粉、料酒、水淀粉，腌渍 10 分钟。

❹ 锅中注入适量清水烧开，倒入适量食用油，放入少许盐、鸡粉。

❺ 白菜丝略煮片刻，拌匀，煮至熟软，捞出沥干。

❻ 用油起锅，倒姜片、葱段、蒜末、豆瓣酱，炒散。

❼ 倒入腌渍好的猪肝片，炒至变色。

❽ 淋入适量料酒，锅中注入少许清水，淋入生抽，放入盐、鸡粉，拌匀调味。

❾ 加入辣椒油、花椒油，拌匀，煮至沸。

❿ 倒入少许水淀粉，用锅勺快速搅拌匀即成。

喂养·小·贴士

猪肝在烹制前可用生粉腌渍一下，口感会更嫩。

香菇木耳炒饭

材料：

凉米饭 200 克

鲜香菇 50 克

水发木耳 40 克

胡萝卜 35 克

葱花少许

调料：

盐 2 克

鸡粉 2 克

生抽 5 毫升

食用适量

做法：

① 将洗净去皮的胡萝卜切条，切丁。

② 洗净的香菇切片，切条，切丁。

③ 洗净的木耳切小块。

④ 用油起锅，倒入胡萝卜，略炒。

⑤ 加入香菇，炒匀。

⑥ 加入木耳，炒匀。

⑦ 倒入米饭，炒松散。

⑧ 放入生抽、盐、鸡粉，炒匀调味。

⑨ 放入葱花，炒匀。

⑩ 将炒好的米饭盛出，装入碗中即可。

1

2

3

4

5

6

7

8

9

10

喂养·小·贴士

香菇具有延缓衰老、防癌抗癌、降血压、降血脂等作用。

166

蒸冬瓜肉卷

材料：

冬瓜 400 克

水发木耳 90 克

午餐肉 200 克

胡萝卜 200 克

葱花少许

调料：

鸡粉 2 克

水淀粉 4 毫升

芝麻油适量

盐适量

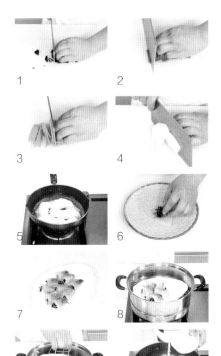

做法：

① 将泡发好的木耳切成细丝。

② 洗净去皮的胡萝卜切成片，再切成丝。

③ 午餐肉切成片，再切成丝。

④ 洗净去皮的冬瓜切成薄片。

⑤ 冬瓜片煮至断生，捞出沥干待用。

⑥ 把冬瓜片铺在盘中，放午餐肉、木耳、胡萝卜。

⑦ 将冬瓜片卷起，定型制成卷。

⑧ 蒸锅上火烧开，放入冬瓜卷，盖上锅盖，大火蒸 10 分钟至熟。

⑨ 掀开锅盖，将冬瓜卷取出待用。热锅注水烧开，放入少许盐、鸡粉。

⑩ 加入水淀粉，搅匀勾芡，淋少许芝麻油，拌匀，芡汁淋在冬瓜卷上，撒上葱花即可。

喂养小·贴士

冬瓜不宜焯水过久，不然卷起的时候冬瓜会破裂。

补锌食谱——
用"锌"呵护宝宝

咸蛋黄蒸豆腐

材料：

豆腐 150 克

咸蛋黄 1 个

黄瓜 50 克

杏鲍菇 30 克

胡萝卜 50 克

调料：

盐 3 克

做法：

1 洗净的杏鲍菇切碎。

2 洗好的胡萝卜切碎。

3 咸蛋黄切碎。

4 洗净的黄瓜切薄片。

5 用勺子在豆腐的中间部位挖一个洞，待用。

6 取一碗，放入切碎的杏鲍菇、胡萝卜、咸蛋黄，加入盐，搅拌均匀。

7 倒进挖好的豆腐洞里，将黄瓜片铺在周围。

8 取电饭锅，注入适量的清水，放上蒸笼，放入豆腐。

9 盖上盖，选择"蒸煮"功能，时间为 30 分钟，开始蒸煮。

10 按"取消"键断电，开盖，取出蒸好的豆腐即可。

喂养·小·贴士

豆腐含有蛋白质、脂肪、碳水化合物、纤维以及多种维生素和矿物质。

虾仁豆腐泥

材料：

虾仁 45 克，豆腐 180 克，胡萝卜 50 克，高汤 200 毫升

调料：

盐 2 克

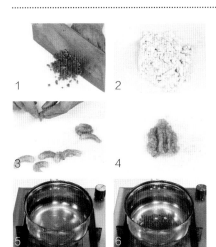

做法：

① 将洗净的胡萝卜切片，再切成丝，改切成粒。

② 把洗好的豆腐压烂，剁碎。

③ 用牙签挑去虾仁的虾线。

④ 用刀把虾仁压烂，剁成末。

⑤ 锅中倒入适量高汤。

⑥ 放入切好的胡萝卜粒。

⑦ 盖上盖，烧开后用小火煮 5 分钟至胡萝卜熟透。

⑧ 揭盖，放入适量盐，下入豆腐，搅匀煮沸。

⑨ 倒入准备好的虾肉末，搅拌均匀，煮片刻。

⑩ 把煮好的虾仁豆腐泥装入碗中即可。

喂养·小·贴士

虾仁入锅后不宜煮制过久，以免过老，失去鲜嫩的口感。

肉丝黄豆汤

材料：

水发黄豆 250 克

五花肉 100 克

猪皮 30 克

葱花少许

调料：

盐 1 克

鸡粉 1 克

做法：

❶ 洗净的猪皮切条。

❷ 洗好的五花肉切片，改刀切丝。

❸ 砂锅中注水，倒入猪皮条。

❹ 加上盖，用大火煮 15 分钟。

❺ 揭盖，倒入泡好的黄豆，拌匀。

❻ 加盖，煮约 30 分钟至黄豆熟软。

❼ 揭盖，放入切好的五花肉，拌匀。

❽ 加入盐、鸡粉，拌匀。

❾ 加盖，稍煮 3 分钟至五花肉熟透。

❿ 关火后盛出煮好的汤，撒上葱花即可。

1	2
3	4
5	6
7	8
9	10

喂养小贴士

猪皮入锅煮沸后可揭开锅盖，捞出浮沫，口感更佳。

蛤蜊蒸蛋

材料:

鸡蛋 2 个

蛤蜊肉 90 克

姜丝少许

葱花少许

调料:

盐 1 克

料酒 2 毫升

生抽 7 毫升

芝麻油 2 毫升

做法:

① 将汆过水的蛤蜊肉装入碗中,放入姜丝。

② 加入少许料酒、生抽、芝麻油,搅拌匀。

③ 鸡蛋打入碗中,加入少许盐。

④ 将鸡蛋打散、调匀。

⑤ 把蛋液倒入碗中,放入烧开的蒸锅中。

⑥ 盖上盖,用小火蒸 10 分钟。

⑦ 揭开盖,在蒸熟的鸡蛋上放上蛤蜊肉。

⑧ 再盖上盖,用小火再蒸 2 分钟。

⑨ 揭开盖,把蒸好的蛤蜊鸡蛋取出。

⑩ 淋入少许生抽,撒上葱花即可。

喂养小贴士

在碗底抹上一层食用油再倒入蛋液,蒸好的鸡蛋就不会粘在碗上。

虾酱鸡肉豆腐

鸡肉和豆腐都富含蛋白质，有利于儿童生长发育，增强体质。

材料：

南豆腐 250 克，鸡肉 100 克，葱花、香菜末各适量

调料：

食用油、虾酱、盐、芝麻油各适量

做法：

1. 豆腐洗净，放入沸水中煮 3 分钟，捞出晾凉，碾碎。
2. 鸡肉洗净、煮熟，切成碎末。
3. 油锅烧热，放入虾酱、部分葱花，放入豆腐碎、鸡肉碎。
4. 大火快炒 3 分钟，放盐调味。
5. 待豆腐炒至干松，撒入香菜末和剩余葱花，淋入少许芝麻油即可。

酱爆鸭糊

鸭肉富含蛋白质，营养价值很高，尤其适合冬季食用。

材料：

鸭肉 750 克，葱段、姜片各 50 克

调料：

甜面酱 75 克，食用油、生抽、料酒、盐、味精各适量

做法：

1. 鸭子洗净，切成小块。
2. 油锅烧热，放入甜面酱炒出香味。
3. 把鸭块、料酒、生抽一起入锅煸炒。
4. 待鸭块上色后，加入适量水、盐、味精、葱段、姜片煮沸。
5. 改小火，煮至鸭块酥烂时收汁，装盘即可。

苹果片

材料：

苹果 1 个

做法：

❶ 将苹果洗净削皮。

❷ 用刀切成薄片。

❸ 锅内倒入适量清水烧开。

❹ 将苹果放入碗中隔水蒸熟。

❺ 关火取出即可。

干煎牡蛎

材料：

牡蛎肉 400 克，鸡蛋 5 个，葱末、姜末适量

调料：

料酒、盐各少许，味精、食用油、芝麻油各适量

做法：

❶ 牡蛎焯烫，捞出沥干。

❷ 鸡蛋打入碗中，搅散。

❸ 放入牡蛎肉、葱末、姜末、盐和味精搅匀。

❹ 油锅烧热，放入牡蛎蛋液，煎至两面呈金黄色。

❺ 熟透后烹入料酒、芝麻油，装盘即可。

核桃芝麻粉

喂养·小·贴士

核桃具有润肠通便、改善记忆力、益智健脑等功效。

材料：

核桃肉 500 克，芝麻、桂圆肉各 125 克

调料：

白糖适量

做法：

❶ 核桃肉、芝麻、桂圆肉分别洗净风干。

❷ 研成碎末。

❸ 将核桃粉、芝麻粉、桂圆粉、白糖混合搅拌均匀。

❹ 每日早晚取一勺核桃芝麻粉，沸水冲服即可。

薏米核桃粥

喂养·小·贴士

薏米可先泡发后再煮，这样能节省烹饪时间。

材料：

水发大米 120 克，薏米 45 克，核桃仁 20 克

做法：

❶ 砂锅中注入适量清水烧开，倒入备好的薏米、核桃碎。

❷ 放入洗净的大米，拌匀。

❸ 盖上盖，烧开后用小火煮约 45 分钟至食材熟透。

❹ 揭开盖，搅拌几下。

❺ 关火后盛出煮好的粥即可。

蒸白萝卜肉卷

材料：

白萝卜片150克，肉末50克，蒜末5克，姜末3克

调料：

盐3克，生抽5毫升

做法：

① 锅中注入适量清水烧开，放入白萝卜片。

② 焯煮一会，至其变软后捞出，沥干水分，放凉。

③ 把肉末装入碗中，淋上生抽，加入盐。

④ 撒上蒜末、姜末，拌匀，腌渍一会儿，制成馅料，待用。

⑤ 取放凉的萝卜片，放入适量的馅料，包紧，固定住。

⑥ 制成肉卷，放在蒸盘中，摆放整齐，待用。

⑦ 备好电蒸锅，放入蒸盘。

⑧ 盖上盖，蒸约15分钟，至食材熟透。

⑨ 断电后揭盖，取出蒸盘。

⑩ 稍微冷却后食用即可。

喂养·小·贴士

> 焯煮白萝卜片时可加入少许盐，能增强韧劲，制作肉卷时更易成型。

芦笋炒猪肝

材料：

猪肝 350 克

芦笋 120 克

红椒 20 克

姜丝少许

调料：

盐 2 克

鸡粉 2 克

生抽 4 毫升

料酒 4 毫升

水淀粉适量

食用油适量

做法：

1. 将洗净的芦笋切成长段。
2. 洗好的红椒切开，去籽，用斜刀切块。
3. 猪肝切片，放入碗中，加入少许盐、料酒、水淀粉，倒入少许食用油，腌渍 10 分钟。
4. 锅中注入适量清水烧开，倒入芦笋。
5. 加盐、食用油，拌匀，煮至断生，放入红椒块。
6. 捞出焯煮好的食材，沥干水分，待用。
7. 另起锅，注入食用油，烧至四成热，倒入腌好的猪肝炸一会儿，捞出沥干油。
8. 锅底留油烧热，倒入姜丝，爆香，放入焯过水的食材，炒匀。
9. 倒入猪肝，炒香。
10. 加入盐、生抽、鸡粉、水淀粉，炒匀即可。

喂养·小·贴士

猪肝可先用水泡半小时，这样炒熟后就不会发黑了。

1

2

3

4

5

6

7

8

9

10

鲫鱼苦瓜汤

材料：

净鲫鱼 400 克

苦瓜 150 克

姜片少许

调料：

盐 2 克

鸡粉少许

料酒 3 毫升

食用油适量

1
2

3

4

5

6

7

8

9

10

做法：

① 将洗净的苦瓜对半切开，去瓤。

② 再切成片，待用。

③ 用油起锅，放入姜片，用大火爆香。

④ 再放入鲫鱼，用小火煎一会儿，转动炒锅，煎出焦香味。

⑤ 翻转鱼身，用小火再煎一会儿，至两面断生。

⑥ 淋上少许料酒，再注入适量清水。

⑦ 加入鸡粉、盐，放入苦瓜片。

⑧ 盖上锅盖，用大火煮约 4 分钟，至食材熟透。

⑨ 取下锅盖，搅动几下。

⑩ 盛出煮好的苦瓜汤，放在碗中即可。

喂养·小·贴士

煎鲫鱼时，油可以适量多放一点，这样能避免将鱼肉煎老了。

猪肉青菜粥

材料：

大米、青菜各 50 克，猪肉 30 克，葱末、姜末适量

调料：

生抽、盐、食用油各适量

做法：

① 大米洗净。

② 猪肉、青菜分别洗净，剁成末。

③ 锅内放入适量大米和清水，大火烧沸。

④ 改用小火熬煮。

⑤ 油锅烧热，放入猪肉末翻炒。

⑥ 加入葱末、姜末、生抽、盐翻炒。

⑦ 放入青菜末翻炒片刻

⑧ 炒好后用盘子盛出，待用。

⑨ 放入米粥锅中同煮 10 分钟左右。

⑩ 盛出装碗即可。

喂养·小·贴士

大米入锅前用清水浸泡，可缩短煮粥时间。

补维生素食谱——
促进宝宝机能代谢

青菜粥

材料：

大米 300 克

油菜 50 克

调料：

盐少许

做法：

❶ 将油菜去除根部洗净。

❷ 放入沸水锅中煮熟，捞出沥干，切成末。

❸ 大米清水浸泡 2 小时。

❹ 锅注水放大米，大火煮沸后转小火熬 30 分钟。

❺ 加入盐及切碎的油菜末，转大火再煮 5 分钟即可。

喂养·小·贴士

油菜在加盐的沸水中焯一下，能去除苦涩味。

海参煲鸡汤

材料：

净瘦条鸡 1 只

火腿片 50 克

水发海参 500 克

胡萝卜 350 克

姜片适量

葱段适量

调料：

盐适量

做法：

❶ 鸡放入沸水中煮 10 分钟。

❷ 胡萝卜去皮、洗净、切片。

❸ 沸水锅中放姜片、葱段，下海参煮沸 5 分钟。

❹ 捞出海参，洗净、切丁。

❺ 加水、鸡、火腿、胡萝卜、姜片煲 2 小时放海参丁，再煲 1 小时加盐即可。

喂养·小·贴士

海参含有纤维、维生素等成分，能增强免疫力。

肉丁西蓝花

西蓝花切好后可放入淡盐水中泡一会儿，能改善成品的口感。

材料：

猪瘦肉25克，西蓝花50克，葱末、姜末适量

调料：

食用油、花椒粉、水淀粉、盐各适量

做法：

❶ 猪肉切丁，加水淀粉拌匀；西蓝花洗净，掰成小朵，用开水焯烫片刻。

❷ 锅置火上，倒入适量食用油，放入裹有淀粉糊的肉丁，炸透捞出。

❸ 锅底留少许油，加入葱末、姜末爆香。

❹ 放入肉丁、西蓝花翻炒。

❺ 至西蓝花熟时，加入花椒粉、盐调味即可。

芦笋煨冬瓜

焯煮芦笋时加点食用油，可防止芦笋变黄。

材料：

冬瓜230克，芦笋130克，蒜末、葱花各少许

调料：

盐1克，鸡粉1克，水淀粉、芝麻油、食用油各适量

做法：

❶ 芦笋切段，冬瓜去皮去瓤，切成小块。

❷ 冬瓜块，加入少许食用油，煮约半分钟，倒入芦笋段，煮约半分钟，捞出。

❸ 蒜末爆香，倒入焯过水的材料，加入少许盐、鸡粉，倒入少许清水，炒匀。

❹ 用大火煨煮至食材熟软，水淀粉勾芡，淋入少许芝麻油，炒匀即可。

牛奶开花甜

材料：

面粉 500 克

牛奶 200 毫升

猪板油 75 克

调料：

白糖适量

发酵粉适量

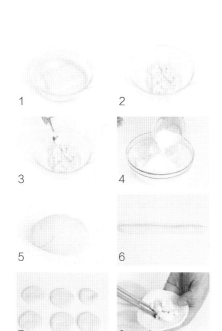

1　　2

3　　4

5　　6

7　　8

9　　10

做法：

① 将猪板油放入水中清洗干净。

② 切成丁，放入小盆中。

③ 加入部分白糖，拌匀，腌渍 2~3 天。

④ 面粉放入盆内，加入适量白糖、牛奶，揉匀。

⑤ 加入发酵粉，揉成发酵面粉团。

⑥ 将面团搓成条。

⑦ 揪出小剂子，压扁。

⑧ 包入适量糖油丁，捏拢收口。

⑨ 放入锅中，用大火蒸熟。

⑩ 取出装盘即可。

喂养·小·贴士

牛奶具有补充钙质、增强免疫、开发智力等功效。

牛奶炖猪蹄

材料：

猪蹄 500 克，牛奶 250 毫升

调料：

盐适量

做法：

① 将猪蹄上的毛去除干净。

② 切成两半。

③ 锅中注入适量清水，用大火烧开。

④ 放入猪蹄。

⑤ 盖上盖。

⑥ 用小火将猪蹄炖烂。

⑦ 揭开盖，加入牛奶、盐。

⑧ 搅拌均匀。

⑨ 再次煮沸。

⑩ 关火后，用碗盛出即可。

喂养小贴士

猪蹄含有蛋白质、维生素 A、维生素 D、碳水化合物、钙、磷、镁、铁等营养成分。

里脊虾皮花菜

材料：

西蓝花250克，虾皮15克，里脊肉100克，葱、姜各适量

调料：

食用油、盐、鸡精、鸡汤、水淀粉、鸡油各适量

做法：

❶ 西蓝花去梗，洗净，切成小朵。

❷ 锅中注入适量清水，倒入西蓝花焯煮片刻，捞出沥干。

❸ 里脊肉洗净，切条。

❹ 葱洗净、切段。

❺ 姜洗净、切片。

❻ 锅置火上，倒入油烧热。

❼ 放入葱段、姜片、肉，煸炒出香味。

❽ 放入虾皮、西蓝花，加鸡汤、盐、鸡精，大火烧沸。

❾ 用小火煨入味，水淀粉勾芡。

❿ 淋入鸡油，关火后盛出即可。

喂养·小·贴士

西蓝花焯水的时间不要太久，以免太软，影响口感。

芦笋瘦肉汤

材料：

猪瘦肉100克，芦笋90克，胡萝卜60克，葱花少许

调料：

盐3克，鸡粉、水淀粉、食用油各适量

做法：

❶ 芦笋切段，胡萝卜洗净去皮切成片，洗净的猪瘦肉切成片。

❷ 把肉片装入碗中，放入少许盐、鸡粉、水淀粉、食用油，腌渍约10分钟。

❸ 锅中注水烧开，倒入胡萝卜片，加入少许盐、鸡粉，淋入少许食用油。

❹ 倒芦笋，煮至断生，放肉片，搅匀，续煮至熟透，撒葱花即成。

素什锦

材料：

豆角70克，山药110克，胡萝卜80克，姜片、葱段、蒜末各少许，冬笋100克，水发木耳60克，莴笋95克

调料：

盐、鸡粉、白糖各3克，食用油适量

做法：

❶ 山药切厚片，胡萝卜切菱形片，豆角切等长段，莴笋切菱形片，冬笋切片。

❷ 沸水锅中倒入豆角、冬笋、胡萝卜片，煮至沸腾。倒入山药、莴笋，再次煮开。

❸ 倒入木耳，焯至断生，捞出盛入盘中。

❹ 姜片、葱段、蒜末，爆香，倒食材炒匀，加盐、鸡粉、白糖，注水拌匀即可。

腰果葱油白菜心

材料：

腰果 50 克

大白菜 350 克

葱条 20 克

调料：

盐 2 克

鸡粉 2 克

水淀粉适量

食用油适量

1

2

3

4

5

6

7

8

9

10

做法：

❶ 将洗净的大白菜对半切开，去芯，切成小块。

❷ 把切好的白菜装入盘中，待用。

❸ 锅注油，烧至三成热，放入腰果，炸出香味。

❹ 将炸好的腰果捞出，装入盘中，备用。

❺ 锅底留油，放入葱条，爆香。

❻ 将葱条捞出，放入大白菜，翻炒匀。

❼ 加入适量盐、鸡粉，炒匀调味。

❽ 倒入适量水淀粉。

❾ 将锅中食材拌炒均匀。

❿ 盛出炒好的菜，装入碗中，再放上腰果即成。

〔喂养·小贴士〕

炸腰果时宜用小火，而且要控制好时间，以免炸焦，影响成品口感及外观。

菠菜拌魔芋

材料：

魔芋 200 克，菠菜 180 克，枸杞 15 克，熟芝麻、蒜末各少许

调料：

盐 3 克，鸡粉 2 克，生抽 5 毫升，芝麻油、食用油各适量

做法：

1. 将洗净的魔芋切开，再切成小方块。
2. 洗好的菠菜切去根部，再切成段。
3. 锅中注入适量清水烧开，加入少许盐、鸡粉。
4. 倒入魔芋块，搅拌，煮约 1 分钟，捞出沥干。
5. 沸水锅中再注入少许食用油，倒入切好的菠菜，搅匀。
6. 煮约 1 分钟，至其断生后捞出，沥干水分，待用。
7. 取一碗，倒入煮熟的魔芋块，放入焯好的菠菜。
8. 再倒入洗净的枸杞，撒上蒜末。
9. 淋入少许生抽，加入适量鸡粉、盐，倒入少许芝麻油。
10. 搅拌一会儿，至食材入味，撒上熟芝麻即成。

喂养·小·贴士

> 洗净的枸杞最好泡发开再放入碗中拌匀，这样能去除其涩味。

玉米鸡丝

材料：

鸡胸肉 200 克，青椒、红椒、鲜玉米棒各 1 个

调料：

食用油、料酒、白糖、盐、水淀粉各适量

1　　　　2

3　　　　4

5　　　　6

7　　　　8

9　　　　10

做法：

❶ 鸡胸肉洗净，切成丝。

❷ 青椒、红椒分别去蒂、去籽，掰成块。

❸ 鲜玉米去皮、须，剥下玉米粒，放入沸水中煮熟，捞出沥干。

❹ 锅置火上，加入食用油加热。

❺ 烧至五成热时，放入鸡丝翻炒。

❻ 加入适量料酒、白糖，炒匀。

❼ 炒至肉变色时放入青椒块、红椒块、玉米粒。

❽ 翻炒均匀后加入盐调味。

❾ 加入水淀粉勾芡。

❿ 关火盛出即可。

喂养·小·贴士

玉米含有蛋白质、糖类、胡萝卜素、纤维素、维生素 E 和多种矿物质。

如意白菜卷

材料：

白菜叶 100 克

肉末 200 克

水发香菇 10 克

高汤 100 毫升

姜末少许

葱花少许

调料：

盐、鸡粉各 3 克

料酒 5 毫升

水淀粉 4 毫升

做法：

1. 洗净的香菇去蒂，再切成条，改切成丁。
2. 锅中注入适量清水烧开，倒入白菜叶，煮至熟软，捞出沥干。
3. 取一个碗，倒入肉末、香菇、姜末、葱花、盐、鸡粉、料酒、水淀粉，搅匀。
4. 白菜叶铺平，放适量肉末，卷成卷，放入盘中。
5. 蒸锅上火烧开，放入白菜卷，盖上盖，用大火蒸 20 分钟至熟。
6. 揭开锅盖，将蒸好的白菜卷取出，放凉待用。
7. 将放凉的白菜卷两端修齐，对半切开。
8. 炒锅中倒入高汤，加入少许盐、鸡粉。
9. 再倒入少许水淀粉，搅匀，调成味汁。
10. 味汁盛出，浇在白菜卷上即可。

喂养小贴士

白菜不宜焯煮太久，否则白菜卷易破裂。

西蓝花玉米浓汤

材料：

玉米 100 克

西蓝花 100 克

黄油 8 克

奶油 8 克

牛奶 150 毫升

淀粉 10 克

调料：

盐 1 克

胡椒粉 2 克

做法：

① 洗净的玉米用刀削成粒。

② 洗好的西蓝花切成小块。

③ 锅置火上，倒入黄油，煮至融化。

④ 放入淀粉、奶油、牛奶，拌匀。

⑤ 注入适量清水，加入玉米粒。

⑥ 用大火稍煮 2 分钟至熟。

⑦ 加入盐、胡椒粉，拌匀调味。

⑧ 倒入切好的西蓝花，搅拌几下。

⑨ 稍煮 2 分钟至熟软。

⑩ 关火后盛出煮好的浓汤，装碗即可。

喂养·小·贴士

西蓝花含有纤维素、维生素 C、维生素 A、B 族维生素、钙、磷、铁等营养物质。

健脑益智食谱——
宝宝的起点从健脑开始

芝麻肉丝

材料：

瘦猪肉丝 250 克

熟白芝麻 50 克

葱段适量

姜片适量

清汤适量

调料：

花椒、大料、白糖、
生抽、料酒、盐、
食用油、芝麻油、
味精各适量

做法：

1. 将瘦肉丝用姜片、葱段、盐和料酒一起拌匀略腌。
2. 肉丝入油锅炸成金黄色。
3. 捞出沥油，拣出肉丝。
4. 锅放清汤、肉丝、盐、白糖、大料、花椒和生抽，烧沸后用小火炖至汁干。
5. 加味精和芝麻油，翻炒盛出，撒上熟芝麻即可。

喂养·小·贴士

儿童经常适量食用可促进智力的发展。

黄瓜里脊

材料：

猪里脊肉 200 克

黄瓜片 25 克

水发木耳 15 克

鸡蛋 1 个

姜末适量

调料：

盐、味精各适量

醋、生抽各适量

水淀粉适量

芝麻油适量

做法：

1. 猪里脊肉片加入水淀粉、盐和蛋清拌匀，焯熟。
2. 水发木耳切成小朵。
3. 锅中倒油烧热，放入里脊片翻炒片刻。
4. 加入黄瓜片、木耳、味精、盐、醋、生抽、姜末翻炒。
5. 炒熟滴入芝麻油即可。

喂养·小·贴士

猪瘦肉氽煮的时间不宜过长，否则会影响口感。

百合猪蹄

材料：

净猪蹄 2 只，百合 200 克，葱段、姜片各适量

调料：

料酒、味精、盐各适量

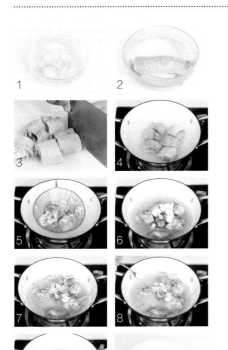

1　2

3　4

5　6

7　8

9　10

做法：

❶ 百合洗净。

❷ 猪蹄洗净。

❸ 猪蹄剁成小块。

❹ 锅中注入适量清水煮沸，放入猪蹄，焯去血水。

❺ 将焯煮好的猪蹄捞出。

❻ 锅置火上，放入适量清水，放入百合、猪蹄。

❼ 加入盐、料酒、葱段和姜片。

❽ 撒入味精调味，用小火炖至肉烂。

❾ 拣去姜片和葱段。

❿ 关火，用碗盛出即可。

喂养·小·贴士

百合含有蛋白质、还原糖、淀粉、维生素C、秋水仙碱及钙、磷、铁等营养素。

生菜鱼肉

制作时，控制好鱼肉的大小，太大不
爽口没弹性，太小的话口感较差。

材料：

生菜 70 克，草鱼肉 80 克，生粉、葱、
姜各适量

调料：

盐少许，胡椒粉、芝麻油、食用油各适量

做法：

① 葱切碎，姜切碎，生菜切丝，草鱼剁
去鱼头，去骨切泥，待用。

② 鱼肉加姜末、葱花、盐、生粉注水拌匀。

③ 鱼肉摔打至起胶，平铺在碟子上。

④ 水烧开后，用筷子将鱼肉小块削入。

⑤ 边煮边搅拌，当鱼肉呈条状并浮起后
加入盐、胡椒粉，倒入生菜丝，转小火。

⑥ 倒入芝麻油，适当搅拌，装碗即可。

素炒青椒

青椒富含维生素 C，烹制菜肴时要注
意掌握火候以免维生素 C 损失过多。

材料：

青椒 300 克，姜丝适量

调料：

食用油、生抽、芝麻油、盐各适量

做法：

① 青椒去蒂、去籽，洗净。

② 切成长丝。

③ 锅置火上，放入食用油烧热，投入姜
丝炒香。

④ 倒入青椒丝煸成深绿色，加入生抽、
盐炒匀。

⑤ 淋入芝麻油，翻炒片刻即可。

三色豆腐

材料：

豆腐 400 克，西红柿、水发冬菇、青豆各 100 克

调料：

盐、白糖、鲜汤、生抽、水淀粉、食用油、芝麻油各适量

做法：

1 豆腐切块；冬菇洗净，切成厚片；西红柿洗净，切成菱形厚片；青豆洗净。

2 油锅烧热，放入豆腐块略煎。

3 加白糖、盐、生抽和鲜汤，烧 15 分钟。

4 另起锅，煸炒冬菇片、青椒片和西红柿片，倒入豆腐，焖烧一会儿。

5 加水淀粉勾芡，淋入芝麻油即可。

松仁什锦饭

材料：

鸡肉片、瘦肉片各60克，鸡蛋液100克，胡萝卜片、青豆各50克，热米饭400克，熟松子仁15克

调料：

盐、味精、食用油、清汤、白糖、料酒、生抽各适量

做法：

1 鸡蛋液倒入锅中用油炒熟。

2 青豆洗净。

3 油锅烧热，加入鸡肉片、瘦猪肉片、胡萝卜片和青椒，快炒片刻。

4 加生抽、味精、盐、白糖、清汤、料酒烧沸。

5 加鸡蛋和松子仁，炒熟倒饭上拌匀即可。

糖醋鲈鱼

材料：

鲈鱼 350 克

黄瓜 30 克

番茄酱 10 克

胡萝卜 20 克

生粉 50 克

大葱丝适量

调料：

盐 4 克

料酒 5 毫升

白醋 7 毫升

白糖 6 克

水淀粉适量

食用油适量

做法：

❶ 洗净的黄瓜切条，再切丁。

❷ 洗净去皮的胡萝卜切厚片，切条，切丁。

❸ 处理好的鲈鱼身上打上蝴蝶花刀。

❹ 鲈鱼装入盘中，撒上适量盐，淋上料酒，抹匀，
　 腌渍 10 分钟。

❺ 生粉倒入碗中，倒水拌匀，制成糊状。

❻ 鲈鱼身上均匀地裹上生粉糊，待用。

❼ 鲈鱼放入，炸至金黄色，捞出沥干。

❽ 另起锅注油烧热，倒入番茄酱，炒匀，加入少
　 许清水，倒入胡萝卜、黄瓜。

❾ 淋入白醋，倒入白糖、盐，翻炒调味。

❿ 加入水淀粉，炒匀勾芡，将炒好的酱汁浇在鱼
　 身上，摆放上葱丝即可。

喂养·小·贴士

黄瓜含有丰富的纤维质可以预防便秘；炸鱼
时油温不宜过高，以免炸焦。

1

2

3

4

5

6

7

8

9

10

清蒸鱼

材料：

鲈鱼 300 克

大葱 60 克

生姜 40 克

香菜 5 克

调料：

盐 3 克

料酒 4 毫升

胡椒粉 1 克

蒸鱼豉油 5 毫升

做法：

❶ 鲈鱼的鱼背两面划一字花刀，两面分别撒入盐、料酒、胡椒粉，腌渍 10 分钟入味。

❷ 姜块切薄片，葱切成滚刀块，大葱切成丝，在鱼肚中放入大葱、姜片，待用。

❸ 取空盘，交叉放上筷子。

❹ 筷子上放入处理好的鲈鱼。

❺ 电蒸锅注水烧开，放入鲈鱼。

❻ 盖上盖，蒸 8 分钟至熟。

❼ 揭开盖，取出蒸好的鲈鱼，取出筷子，待用。

❽ 在蒸好的鲈鱼上放上葱丝，待用。

❾ 锅中注入适量的食用油，烧至八成热。

❿ 关火后将热油淋在鲈鱼上，再淋上蒸鱼豉油，放入香菜即可。

喂养·小·贴士

如果把握不好蒸制的时间，可以用筷子插进鱼尾，能轻松插入说明已经熟透。

奶汁西红柿

材料：

西红柿 300 克，鲜牛奶 100 毫升

调料：

盐、淀粉、味精、鸡油各适量

做法：

1. 西红柿洗净。
2. 用沸水焯一下，去皮切成瓣。
3. 取一只碗，倒入牛奶、盐、味精、淀粉。
4. 搅拌均匀，调成稠汁。
5. 锅置火上，加入适量清水烧沸。
6. 倒入西红柿瓣。
7. 待水沸时加入调好的稠汁调匀。
8. 烧至西红柿入味。
9. 加入鸡油，搅拌均匀。
10. 关火，盛入碗中即可。

喂养·小·贴士

西红柿含有有机酸、纤维素，幼儿食用有助消化、润肠通便，可改善食欲不振。

芝麻带鱼

材料：

带鱼 140 克，熟芝麻 20 克，姜片、葱花各少许

调料：

盐 3 克，鸡粉 3 克，生粉 7 克，生抽 4 毫升，水淀粉、辣椒油、老抽、食用油各适量

1　　　　2

3　　　　4

5　　　　6

7　　　　8

9　　　　10

做法：

❶ 用剪刀把带鱼鳍剪去，再切成小块。

❷ 将带鱼块装入碗中，放入少许姜片。

❸ 加入少许盐、鸡粉、生抽，拌匀。

❹ 倒入少许料酒，搅拌匀，放入生粉，拌匀，腌渍 15 分钟至入味。

❺ 热锅注油烧热，放带鱼块，炸至带鱼呈金黄色。

❻ 把炸好的带鱼块捞出，待用。

❼ 锅底留油，倒入少许清水。

❽ 淋入适量辣椒油，加盐、鸡粉、生抽，拌匀煮沸。

❾ 加淀粉，调成浓汁，淋入老抽，炒匀上色。

❿ 放入带鱼块，炒匀，撒入葱花，炒出葱香味，装入盘中，撒上熟芝麻即可。

喂养小·贴士

炸带鱼，要控制好时间和火候，以免炸焦。

芝麻莴笋

材料：

莴笋 200 克

白芝麻 10 克

蒜末少许

葱白少许

调料：

盐 3 克

鸡粉 4 克

蚝油 5 克

水淀粉适量

食用油适量

做法：

① 将去皮洗净的莴笋对半切开，用斜刀切段，再切成片。

② 烧热炒锅，倒入白芝麻，改用小火，炒出香味。

③ 将炒好的芝麻盛出，装入碗中，备用。

④ 锅中注水烧开，放入少许盐、鸡粉。

⑤ 倒入莴笋，拌匀，焯煮 1 分 30 秒至其断生。

⑥ 把焯过水的莴笋片捞出，备用。

⑦ 用油起锅，放入蒜末、葱白，爆香。

⑧ 倒入焯好的莴笋，拌炒匀。

⑨ 加入适量盐、鸡粉、蚝油，炒匀调味。

⑩ 倒入适量水淀粉，快速拌炒均匀，盛出装入盘中，再撒上白芝麻即可。

喂养·小·贴士

焯煮莴笋时，如焯的时间过长、温度过高会使莴笋绵软，失去清脆的口感。

红烧大虾

材料：

大虾 175 克

去皮蒜头 30 克

姜片少许

葱段少许

调料：

盐 2 克

白糖 2 克

料酒 5 毫升

生抽 5 毫升

水淀粉 5 毫升

食用油适量

做法：

① 洗净的大虾切去虾须，再切开虾背，待用。

② 用油起锅，放入切好的大虾，稍煎 20 秒至底部变红。

③ 将大虾翻面，放入姜片和葱段。

④ 倒入蒜头，稍稍爆香。

⑤ 淋入料酒和生抽。

⑥ 注入适量清水至没过大虾底部，搅匀。

⑦ 加入盐和白糖，搅匀调味。

⑧ 加盖，焖 3 分钟至入味。

⑨ 加入水淀粉，搅匀至收汁。

⑩ 关火后盛出红烧大虾，装盘即可。

喂养·小贴士

虾含有高蛋白、锌、碘、硒、维生素 A 等营养成分，适量食用，有助于保护视力。

清蒸冬瓜生鱼片

材料：

冬瓜400克，生鱼300克，
姜片、葱花各少许

调料：

盐2克，鸡粉2克，胡椒粉少许，生粉10克，
芝麻油2毫升，蒸鱼豉油适量

做法：

1. 将洗净去皮的冬瓜切块，改切成片。
2. 洗好的生鱼肉去骨，切成片。
3. 装入碗中，加入少许盐、鸡粉，放入姜片，放入适量胡椒粉、生粉，拌匀。
4. 淋入适量芝麻油，拌匀。
5. 把调好的鱼片摆入碗底。
6. 放上冬瓜片，再放上姜片。
7. 将装有鱼片、冬瓜的碗放入烧开的蒸锅中。
8. 盖上锅盖，用中火蒸15分钟至食材熟透。
9. 揭盖，取出蒸熟的食材。
10. 倒扣入盘里，揭开碗，撒上葱花，倒入蒸鱼豉油即成。

喂养·小·贴士

蒸鱼肉时可添加少许
蒜末，利于去除腥味。

健胃消食食谱——
让宝宝吃饭香香

清煮嫩豆腐

材料：

豆腐 400 克

葱适量

调料：

盐适量

芝麻油适量

水淀粉适量

做法：

1

2

3

4

5

6

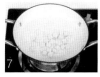
7

8

9

10

1. 豆腐洗净，切成小方块。
2. 用清水浸泡半小时。
3. 捞出沥干，装盘待用。
4. 葱择好洗净。
5. 切成葱花。
6. 锅置火上，加入适量清水。
7. 倒入豆腐丁，大火煮沸。
8. 用水淀粉勾薄芡。
9. 加入盐、葱花、芝麻油调味。
10. 搅拌均匀，关火，盛入碗中即可。

喂养·小贴士

嫩豆腐等豆制品和蜂蜜都是营养佳品，但这两种食品却不能同食。

山楂神曲粥

材料：

山楂 30 克

神曲 30 克

大米 100 克

调料：

红糖 6 克

做法：

① 山楂洗净。

② 神曲洗净。

③ 锅置火上，加入适量清水。

④ 放入山楂和神曲，煎成汁。

⑤ 取汁去渣，装入碗中备用。

⑥ 大米洗净。

⑦ 锅置火上，倒入大米和适量清水。

⑧ 大火煮沸，加入药汁。

⑨ 搅拌均匀，煮成稀粥，加红糖调味。

⑩ 关火盛入碗中即可。

喂养·小·贴士

煮粥时，中途可以揭开锅盖搅拌会儿，以免糊锅。

雪梨山楂粥

山楂具有健脾开胃、消食化滞、活血化痰等功效。

材料：

雪梨 250 克，大米 50 克，山楂 25 克

调料：

冰糖 50 克

做法：

1. 雪梨、山楂去核切小丁。
2. 锅中注清水烧开，放入雪梨丁、山楂丁、冰糖同煮。
3. 关火盛出，装入碗中待用。
4. 锅置火上，注入适量清水，倒入大米。
5. 煮至大米熟软，倒入备好的雪梨山楂果酱，搅拌均匀盛出即可。

高粱米粥

先将高粱米用清水浸泡约 1 小时，这样可以缩短煮制时间。

材料：

高粱米 30 克，红枣 10 颗

调料：

牛奶适量

做法：

1. 高粱米洗净，放入锅中炒黄。
2. 红枣洗净去核，放入锅中炒焦。
3. 将炒好的高粱米、红枣一起研成细末。
4. 每次取半勺，加入牛奶同煮。
5. 每日进食 2 次即可。

山楂猪排

喂养·小·贴士

白糖入锅后应不停地搅动，以免粘锅。

材料：

山楂 90 克，排骨 400 克，鸡蛋 1 个，葱花少许

调料：

盐少许，生粉 10 克，白糖 30 克，番茄酱 25 克，水淀粉 10 毫升，食用油适量

做法：

1. 山楂切成小块；鸡蛋取蛋黄，倒入排骨中，加少许盐、生粉，腌渍 10 分钟。
2. 锅加盖，煮山楂 5 分钟，把山楂汁盛出。
3. 排骨炸至金黄色，捞出待用。
4. 锅底留油，倒入煮好的山楂汁、山楂。
5. 放白糖加番茄酱，煮至白糖溶化。
6. 水淀粉勾芡，倒排骨炒匀，撒上葱花。

山楂银芽

喂养·小·贴士

黄瓜尾部含有苦味素，有抗癌的作用，应适当保留黄瓜的尾部。

材料：

山楂 30 克，绿豆芽 70 克，黄瓜 120 克，芹菜 50 克

调料：

白糖 6 克，水淀粉 3 毫升，食用油适量

做法：

1. 芹菜切成段，黄瓜切丝。
2. 用油起锅，倒入洗净的山楂、黄瓜丝，翻炒至熟软，下入绿豆芽，翻炒均匀。
3. 倒入芹菜，快速拌炒均匀，加入白糖，炒匀调味。
4. 倒适量水淀粉，拌炒一会至食材熟透。
5. 关火，将炒好的菜盛出，装盘即可。

山楂莱菔子粥

将莱菔子炒得焦脆些，研磨时才会更省力。

材料：

水发大米 120 克，山楂 80 克，莱菔子 7 克

调料：

盐 2 克

做法：

1. 莱菔子用中小火快速翻炒一会儿，至表皮裂开，装入碗中。
2. 取来杵臼，倒莱菔子研磨呈粉末状。
3. 砂锅中注水烧开，倒入大米，加盖，烧开后用小火煮至米粒变软。
4. 放入山楂块，撒上莱菔子粉末，搅匀。
5. 加入少许盐，拌匀调味，转中火续煮一会儿，至食材熟软、入味即成。

糖醋鱼丸

鱼丸煮制的时间不能太长，否则容易失去鲜味。

材料：

鱼丸 70 克，西蓝花 75 克，番茄酱 30 克

调料：

白糖、盐各 2 克，水淀粉 5 毫升，白醋 3 毫升，食用油适量

做法：

1. 鱼丸对半切开，西蓝花去梗切小朵。
2. 锅中注水烧热，倒入鱼丸，用大火煮开，直至鱼丸稍稍变大，盛出待用。
3. 西蓝花加食用油、盐，焯煮至其断生。
4. 西蓝花围成圈摆放盘中，放上鱼丸。
5. 另起锅注油，倒入番茄酱，淋上适量白醋，加入白糖，用水淀粉勾芡。
6. 将制好的酱汁盛出浇在鱼丸上即可。

山药麦芽鸡汤

材料：

山药 200 克，鸡肉 400 克，麦芽 20 克，
神曲 10 克，蜜枣 1 颗，姜片 20 克

调料：

盐 3 克，鸡粉 2 克

做法：

① 洗净去皮的山药切块，改切成丁。

② 洗好的鸡肉斩件，再斩成小块，备用。

③ 锅中注入适量清水烧开，倒入鸡块，汆去血水。

④ 捞出汆煮好的鸡块，沥干水分，备用。

⑤ 砂锅中注入适量清水烧开，放入蜜枣、麦芽、神曲、姜片。

⑥ 倒入焯过水的鸡块，搅拌匀。

⑦ 加盖，烧开后用小火煮 20 分钟，至药材析出有效成分。

⑧ 放入山药丁，用小火续煮 20 分钟，至山药熟透。

⑨ 揭盖，放入少许盐、鸡粉。

⑩ 用勺拌匀，略煮片刻，至食材入味即可。

喂养小贴士

不能过早放盐，否则会使肉中的蛋白质凝固，降低营养价值。

酸萝卜炖排骨

材料：

排骨段 300 克，酸萝卜 220 克，香菜段 15 克，姜片、葱段各少许

调料：

盐、鸡粉各 2 克，料酒 5 毫升

做法：

❶ 将洗净的酸萝卜切开，再切大块。

❷ 锅中注水烧开，倒入洗好的排骨段，拌匀。

❸ 煮约 1 分 30 秒，汆去血水，捞出食材，沥干水分，待用。

❹ 砂锅中注入适量清水烧开，撒上姜片、葱段。

❺ 倒入汆过水的排骨段，放入切好的酸萝卜。

❻ 淋入少许料酒，搅拌匀。

❼ 盖上盖，烧开后用小火煮约 1 小时，至食材熟透。

❽ 揭盖，加入少许盐、鸡粉，拌匀调味。

❾ 撒上备好的香菜段，拌匀，煮至断生。

❿ 关火后盛出炖煮好的菜肴，装入碗中即成。

喂养·小·贴士

酸萝卜可先用清水浸泡一会儿，这样能减轻其酸味。

酸辣魔芋结

材料：

汇润魔芋大结 200 克

黄瓜 130 克

油炸花生米 100 克

去皮胡萝卜 90 克

熟白芝麻 15 克

老干妈香辣酱 50 克

香菜叶少许

葱花少许

蒜末少许

调料：

盐、白糖各 2 克

生抽 5 毫升

陈醋 5 毫升

芝麻油 5 毫升

做法：

❶ 洗净的黄瓜切片，改切成丝。

❷ 洗好的胡萝卜切片，改切成丝。

❸ 魔芋大结，焯煮约 2 分钟。

❹ 关火后捞出焯煮好的魔芋大结，沥干水分，装盘待用。

❺ 将魔芋大结放在整齐码在盘底的黄瓜丝和胡萝卜丝上待用。

❻ 取一碗，倒入蒜末、葱花、老干妈香辣酱、香菜叶。

❼ 加入生抽、陈醋、芝麻油、盐、白糖。

❽ 放入油炸花生米、熟芝麻。

❾ 用筷子搅拌均匀。

❿ 倒在魔芋大结上即可。

喂养·小·贴士

花生米的红衣营养价值很高，可以不用去掉。

酸汤鱼

材料：

草鱼 800 克　　芹菜 60 克
莲藕 80 克　　　豆皮 35 克
土豆 60 克　　　干辣椒 10 克
西红柿 85 克　　花椒粒 10 克
水发海带丝 65 克　葱段适量
黄豆芽 65 克　　蒜末适量

调料：

白醋 5 毫升　　料酒 5 毫升
盐 5 克　　　　食用油适量
鸡粉 2 克　　　水淀粉适量
胡椒粉 2 克

做法：

① 土豆、莲藕切片，豆皮切粗丝，芹菜切碎，西红柿切瓣。

② 鱼骨剁成小块，鱼肉切片，加盐、料酒，拌匀。

③ 加入水淀粉，搅匀，淋入食用油，腌渍 5 分钟。

④ 热锅注油烧热，倒入干辣椒、葱段，放入鱼骨，翻炒出香味，淋入料酒，快速翻炒提鲜。

⑤ 注入适量的清水至没过食材，搅拌煮热，倒入土豆、莲藕、海带丝、豆皮、黄豆芽，搅拌匀。

⑥ 盖上盖，大火煮开后转小火煮 5 分钟至熟。

⑦ 倒西红柿，加盐、鸡粉、胡椒粉，翻炒后捞出。

⑧ 汤煮沸，倒鱼片，搅匀，加白醋，煮至入味。

⑨ 鱼片汤盛到食材碗中，铺芹菜、蒜末、花椒粒。

⑩ 热锅注入适量食用油，烧至七成热，浇上即可。

喂养·小贴士

切好的土豆可先在清水中泡去多余淀粉，口感会更好。

麦芽山楂鸡蛋羹

材料：

麦芽 25 克，山楂 55 克，淮山 30 克，鸡蛋 2 个

做法：

1 洗净的山楂切去头尾，再切开，去核。

2 砂锅中注入适量清水烧热，倒入备好的麦芽、山楂、淮山。

3 盖上盖，烧开后用小火煮约 20 分钟至其析出有效成分。

4 关火后揭开盖，盛出药汁，滤入碗中，待用。

5 将鸡蛋打入碗中，打散调匀。

6 倒入药汁，搅拌均匀。

7 取一蒸碗，倒入拌好的鸡蛋液，备用。

8 蒸锅上火烧开，放入蒸碗。

9 盖上盖，用中火蒸约 10 分钟至食材熟透。

10 揭开盖，取出蒸碗，待稍微放凉后即可食用。

喂养·小·贴士

蒸熟后用刀将蛋羹划几刀，食用时更方便。

茯苓饼

材料：

茯苓、米粉各 500 克

调料：

白糖 500 克，食用油适量

做法：

1. 茯苓研末。
2. 取一只大碗，倒入茯苓粉。
3. 加入米粉、白糖，混合均匀。
4. 注入适量清水。
5. 搅拌均匀成糊状。
6. 平底锅置火上。
7. 倒入适量食用油加热。
8. 用勺取糊，放入平底锅中摊开。
9. 煎成薄饼。
10. 关火，装盘即可。

喂养小贴士

茯苓有补气益脾、和胃、宁心安神等作用。

护眼明目食谱——
保护宝宝明亮的双眼

芹菜胡萝卜拌腐竹

材料：

芹菜 85 克

胡萝卜 60 克

水发腐竹 140 克

调料：

盐、鸡粉 各 2 克

胡椒粉 1 克

芝麻油 4 毫升

1

2

3

4

5

6

7

8

9

10

做法：

❶ 洗好的芹菜切成长段。

❷ 洗净去皮的胡萝卜切片，再切丝。

❸ 洗好的腐竹切段，备用。

❹ 锅中注入适量清水烧开。

❺ 倒入芹菜、胡萝卜，拌匀，用大火略煮片刻。

❻ 放入腐竹，拌匀，煮至食材断生。

❼ 捞出焯煮好的材料，沥干水分，待用。

❽ 取一个大碗，倒入焯过水的材料。

❾ 加入盐、鸡粉、胡椒粉、芝麻油，拌匀至食材入味。

❿ 将拌好的菜肴装入盘中即可。

喂养·小贴士

胡萝卜具有降血压、增强免疫力、保护视力等功效。

菠菜丸子汤

材料：

菠菜 150 克

猪瘦肉 150 克

葱末适量

姜末适量

调料：

生抽适量

水淀粉适量

盐适量

芝麻油适量

鸡精适量

做法：

❶ 菠菜去根、黄叶，洗净。

❷ 锅置火上，注入适量清水烧沸，放入菠菜焯烫片刻。

❸ 捞出，切成段。

❹ 猪瘦肉洗净，剁成泥，装入碗中。

❺ 在装有猪肉泥的碗中加入适量盐、生抽搅拌。

❻ 再加水淀粉、葱末、姜末继续搅拌均匀。

❼ 制成小丸子。

❽ 锅置火上，加入适量清水烧沸，放入小丸子。

❾ 小火煮熟，加入盐、鸡精调味。

❿ 放入菠菜段，汤沸即可。

喂养小贴士

菠菜能促进儿童生长发育，选用比较嫩的，口感会更佳。

鲜拌莴笋

莴笋含有蛋白质、糖类及多种维生素和矿物质，对人体的生长发育有益。

材料：

莴笋 250 克

调料：

盐、味精、香醋各适量

做法：

1 莴笋剥皮、洗净，切成细丝，放入碗中。

2 加入盐搅拌均匀。

3 倒掉汁水，备用。

4 加入味精、芝麻油。

5 搅拌均匀即可。

紫甘蓝雪梨玉米沙拉

煮玉米粒时加点盐，会让玉米的甜味更突出。

材料：

紫甘蓝 90 克，雪梨 120 克，黄瓜 100 克，西芹 70 克，鲜玉米粒 85 克

调料：

盐 2 克，沙拉酱 15 克

做法：

1 西芹切丁、黄瓜切丁、雪梨去核去皮切丁、紫甘蓝切块。

2 锅中注清水烧开，放少许盐。

3 倒入玉米煮半分钟，再倒入紫甘蓝煮半分钟，捞出。

4 将以上所有食材放入碗中，倒入沙拉酱，搅拌均匀即可。

拌海带

材料：

水发海带 500 克

调料：

白糖适量

做法：

 海带洗净、切丝。

❷ 锅置火上，倒入适量清水烧开。

❸ 倒入海带煮熟，捞出沥干水分。

❹ 加入少许白糖。

❺ 搅拌均匀即可。

猪肝豆腐汤

材料：

猪肝 100 克，豆腐 150 克，葱花、姜片
各少许

调料：

盐 2 克，生粉 3 克

做法：

❶ 锅中注入适量清水烧开，倒入洗净切
块的豆腐，拌煮至断生。

❷ 放入已经洗净切好，并用生粉腌渍过
的猪肝，撒入姜片、葱花，煮至沸。

❸ 加少许盐，拌匀调味。

❹ 用小火煮约 5 分钟，至汤汁收浓。

❺ 关火盛出煮好的汤料，装入碗中即可。

三色肝末

煮猪肝时宜用中火，这样煮好的猪肝口感更佳。

材料：

猪肝 100 克，胡萝卜 60 克，西红柿 45 克，洋葱 30 克，菠菜 35 克

调料：

盐、食用油各少许

做法：

① 洋葱剁碎，胡萝卜去皮洗净切成粒，西红柿、菠菜洗净切碎，猪肝剁碎。

② 锅中注水烧开，加入少许食用油、盐。

③ 倒入切好的胡萝卜、洋葱、西红柿，放入切好的猪肝，搅拌均匀至其熟透。

④ 撒上菠菜，搅匀，用大火略煮至熟。

⑤ 关火后盛出煮好的食材，装碗即可。

糖醋黑鱼丁

黑鱼丁炸第二道油时不宜时间太长，以免影响口感。

材料：

黑鱼 350 克，葱花、姜末、蒜末各 10 克，生粉 30 克，番茄酱 35 克

调料：

盐 3 克，白糖 4 克，料酒 5 毫升，胡椒粉、水淀粉、食用油各适量，浙醋 30 毫升

做法：

① 黑鱼切丁，装入碗中，放入适量盐、胡椒粉、料酒，倒入生粉，搅拌片刻。

② 黑鱼丁拌匀，炸 3 分钟，捞出沥干。

③ 待油再次烧热，黑鱼丁复炸至酥脆。

④ 蒜末、姜末，爆香，放番茄酱，炒香。

⑤ 加浙醋，注水，加盐、白糖、水淀粉，搅匀倒黑鱼丁，炒匀，盛出撒上葱花。

藕片荷兰豆炒培根

材料：

莲藕 200 克，荷兰豆 120 克，彩椒 15 克，培根 50 克

调料：

盐 3 克，白糖、鸡粉各少许，料酒 3 毫升，水淀粉、食用油各适量

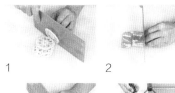

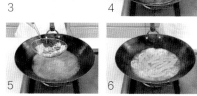

做法：

❶ 将去皮洗净的莲藕切薄片。

❷ 将培根切小片。

❸ 洗净的彩椒切条形，备用。

❹ 锅中注入适量清水烧开，倒入培根片，拌匀。

❺ 略煮一会儿，去除多余盐分，捞出沥干水分。

❻ 沸水锅中再倒入藕片，略煮一会儿，放入荷兰豆，加入少许盐、食用油，拌匀。

❼ 再倒入彩椒，拌匀，煮至材料断生，捞出沥干。

❽ 培根，炒匀，淋入少许料酒，炒出香味。

❾ 放入焯过水的材料，炒匀炒透，加入少许盐、白糖、鸡粉，炒匀调味，倒入适量水淀粉。

❿ 用中火炒匀，至食材入味，装盘即可。

喂养·小·贴士

焯煮藕片时可以加入少许白醋，这样能防止其变色。

牛奶鲫鱼汤

材料：

净鲫鱼 400 克

豆腐 200 克

牛奶 90 毫升

姜丝少许

葱花少许

调料：

盐 2 克

鸡粉少许

做法：

① 洗净的豆腐切开，再切成小方块。

② 用油起锅，鲫鱼用小火煎一会儿，至散出香味。

③ 翻转鱼身，再煎片刻，至两面断生。

④ 关火后盛出煎好的鲫鱼，装入盘中，待用。

⑤ 锅中注入适量清水，用大火烧开。

⑥ 撒上姜丝，放入煎过的鲫鱼，加入少许鸡粉、盐，搅匀调味，掠去浮沫。

⑦ 盖上盖，用中火煮约 3 分钟，至鱼肉熟软。

⑧ 揭盖，放入豆腐块，拌匀，再倒入备好的牛奶，轻轻搅拌匀。

⑨ 用小火煮约 2 分钟，至豆腐入味。

⑩ 关火后盛出煮好的鲫鱼汤，装入汤碗中，撒上葱花即成。

喂养小·贴士

倒入牛奶后不宜用大火煮，以免降低其营养价值。

桂圆鸡片

材料：

桂圆肉 180 克

鸡胸肉 120 克

彩椒 50 克

姜片少许

蒜末少许

葱段少许

调料：

盐 2 克

鸡粉 3 克

水淀粉适量

料酒适量

食用油适量

1

2

3

4

5

6

7

8

9

10

做法：

① 将洗净的彩椒切成小块。

② 洗好的鸡胸肉切成片。

③ 把鸡胸肉装入碗中，放入少许盐、鸡粉、水淀粉，抓匀。

④ 注入适量食用油，腌渍 10 分钟至入味。

⑤ 用油起锅，下入姜片、蒜末、葱段，爆香。

⑥ 倒入鸡肉片，炒至转色。

⑦ 放入彩椒，淋入适量料酒，拌炒香。

⑧ 倒入准备好的桂圆肉。

⑨ 加适量盐、鸡粉，炒匀调味，倒入适量水淀粉。

⑩ 将锅中食材快速拌炒均匀，把炒好的菜肴盛出，装盘即可。

喂养小·贴士

桂圆果肉鲜嫩，入锅后不宜炒制过久，以免影响其鲜美的口感。

黄芪枸杞鸡丝

材料：

鸡胸肉 300 克，圆椒 60 克，黄芪 10 克，枸杞 8 克

调料：

盐、鸡粉各 3 克，水淀粉、食用油各适量

做法：

1. 将洗净的圆椒切粗丝。
2. 洗净的鸡胸肉切开，再切片，改切成肉丝。
3. 把鸡肉丝放少许盐、鸡粉、水淀粉，拌匀上浆。
4. 再注入适量食用油，腌渍约 10 分钟，至其入味。
5. 砂锅中注入适量清水烧热，放入洗净的黄芪，盖上盖，煮沸后用小火煲煮约 15 分钟。
6. 关火后盛出煮好的药汤，装入碗中，待用。
7. 用油起锅，放入圆椒丝，爆香，倒入备好的药汤，放入腌渍好的鸡肉丝。
8. 拌匀略煮，至肉丝变色，加入少许盐、鸡粉。
9. 用中火煮至食材熟透，倒入适量水淀粉勾芡。
10. 关火后盛出烹饪好的菜肴，装入盘中即可。

喂养·小·贴士

倒出药汤时可用滤网，这样能减少菜肴中的药渣，口感更佳。

荷兰豆炒胡萝卜

材料：

荷兰豆 100 克，胡萝卜 120 克，黄豆芽 80 克，蒜末、葱段各少许

调料：

盐 3 克，鸡粉 2 克，料酒 10 毫升，水淀粉、食用油各适量

做法：

① 洗净去皮的胡萝卜对半切开，用斜刀切成片。

② 锅中注入适量清水烧开，加入少许盐、食用油，倒入胡萝卜片。

③ 放入洗净的黄豆芽，搅匀，略煮一会儿。

④ 再倒入洗净的荷兰豆，煮 1 分钟，至食材八成熟。

⑤ 捞出焯煮好的食材，沥干水分，待用。

⑥ 用油起锅，放入蒜末、葱段，爆香。

⑦ 倒入食材，再淋入少许料酒，快速翻炒匀。

⑧ 加入少许鸡粉、盐，炒匀调味。

⑨ 倒入适量水淀粉。

⑩ 用中火翻炒至食材熟透、入味，关火后装盘即可。

喂养小贴士

荷兰豆不易炒熟透，焯水的时间可以适当长一些。

明目菊花蒸茄子

材料：

茄子 250 克

菊花 5 克

热水 80 毫升

调料：

盐 2 克

香醋 8 毫升

芝麻油适量

做法：

① 洗净的茄子切粗条。

② 菊花在热水中浸泡几分钟。

③ 将切好的茄子装盘，倒入菊花水及菊花。

④ 取出电蒸锅烧开上汽，放入食材。

⑤ 加盖，调好时间旋钮，蒸 10 分钟至熟。

⑥ 揭盖，取出蒸好的食材。

⑦ 取走菊花。

⑧ 香醋中加入盐、芝麻油。

⑨ 搅匀成调味汁。

⑩ 将调味汁淋在蒸好的茄子上即可。

喂养·小·贴士

菊花能明目、降火；茄子含有蛋白质、维生素P、钙、磷、铁等营养成分。

胡萝卜西红柿汤

材料：

胡萝卜 30 克

西红柿 120 克

鸡蛋 1 个

姜丝少许

葱花少许

调料：

盐少许

鸡粉 2 克

食用油适量

做法：

① 洗净去皮的胡萝卜切成薄片。

② 洗好的西红柿切开，再切成片。

③ 鸡蛋打入碗中，搅拌均匀，待用。

④ 锅中倒适量食用油，放姜丝，爆香。

⑤ 倒入胡萝卜片、西红柿片，炒匀。

⑥ 注入适量清水。

⑦ 盖上锅盖，用中火煮 3 分钟。

⑧ 揭开锅盖，加入适量盐、鸡粉，搅拌均匀至食材入味。

⑨ 倒入蛋液，边倒边搅拌，至蛋花成形。

⑩ 关火后盛出煮好的汤料，装入碗中，撒上葱花即可。

喂养·小·贴士

倒入蛋液时，要边倒边搅拌，这样打出的蛋花更美观。

Chapter 5　0~6 岁聪明宝宝常见病饮食调养

0~6 岁阶段的宝宝免疫系统还没有建立完善，很容易受病毒和细菌入侵。本章根据婴幼儿的身体生长发育特点，介绍了婴幼儿常见疾病有哪些、有哪些病症特点、发病原因是什么以及饮食指导和调理食谱，让宝宝在特殊时期能够最快恢复健康。

日常生病调理食谱

宝宝由于年龄小，免疫系统发育还不完善，生病的机会就多。宝宝在生病期间不爱吃饭是很正常的。爸爸妈妈为帮助宝宝早日康复，应注意宝宝生病期间的饮食调理。

发烧

POINT 1 病情特点

小儿发热是指体温在39.1~41℃。发热时间超过两周为长期发热。小儿正常体温常以肛温36.5~37.5℃、腋温36~37℃衡量。若腋温超过37.4℃，且一日间体温波动超过1℃以上，可认为是发热。

POINT 2 发病原因

人体发热的原因有很多，受年龄、地域、季节等因素的影响。儿童特别是婴幼儿体温调节机能不发达，易受环境影响，且变化较为激烈。当儿童身体受到细菌、病毒或异物侵入影响，导致脑下视丘的体温调节中枢机能失去平衡时，就容易发热。

POINT 3 饮食原则

1. 只吃流食，如米粥或米汤，先把体内的热退下来。
2. 忌强迫进食。家长以为发烧消耗营养，必须吃东西，就强迫孩子进食或吃高营养食物，这样反而会倒胃口，使病情加重，不过要注意补充液体。

POINT 4 注意事项

体温在38.5~39.5℃之间，按说明书吃退烧药。药吃下10分钟后，给孩子加衣服。半个小时之后，脱掉多穿的这些衣物，用温水给孩子擦身子，会看到汗马上就出来了，这个时候孩子的体温就会慢慢地降。

牛肉南瓜粥

材料：

水发大米 90 克

去皮南瓜 85 克

牛肉 45 克

做法：

❶ 蒸锅放入洗好的南瓜、牛肉。

❷ 加盖，用中火蒸约 15 分钟至其熟软。

❸ 揭盖，取出蒸好的材料，放凉待用。

❹ 将放凉的牛肉切片，改切成粒。

❺ 把放凉的南瓜剁碎，备用。

❻ 砂锅中注水烧开，倒入大米，搅拌匀。

❼ 盖上盖，烧开后用小火煮约 10 分钟。

❽ 揭盖，倒入备好的牛肉、南瓜，拌匀。

❾ 再盖上盖，用中小火煮约 20 分钟至所有食材熟透。

❿ 揭盖搅拌，至粥浓稠关火盛出即可。

喂养小贴士

牛肉一定要煮熟透，否则不易咀嚼，也影响宝宝消化。

香菇薏米粥

材料：

香菇 35 克，水发薏米 60 克，水发大米 85 克，葱花少许

调料：

盐 2 克，鸡粉 2 克，食用油适量

做法：

① 将洗净的香菇切成小块，改切成丁。

② 把切好的香菇装入碟中，待用。

③ 砂锅中注入适量清水，用大火烧开。

④ 放入薏米，倒入大米，搅匀。

⑤ 再加入适量食用油。

⑥ 加盖，用小火煮 30 分钟，至食材熟软。

⑦ 揭盖，放入香菇，搅匀。

⑧ 加盖，用小火煮续 10 分钟，至食材熟烂。

⑨ 揭盖，放入盐、鸡粉，拌匀调味。

⑩ 盛出煮好的粥，装入碗中，再放上葱花即可。

喂养小贴士

香菇可以切得小一点，这样能使香菇中的营养物质更多地渗入到汤中。

茯苓菠菜汤

材料：

菠菜 120 克，石斛 8 克，茯苓 15 克，姜片、葱段各少许，素高汤 500 毫升

调料：

盐、鸡粉各少许

做法：

❶ 洗净的菠菜切长段。

❷ 锅中注水烧开，倒入菠菜段，拌匀。

❸ 煮约 1 分钟，捞出，沥干水分，待用。

❹ 砂锅中注水烧热，倒入备好的石斛、茯苓。

❺ 盖上盖，用中火煮约 20 分钟，至药材析出有效成分。

❻ 捞出药材，撒上姜片、葱段，注入素高汤。

❼ 再盖上盖，用小火煮约 10 分钟。

❽ 捞出姜片、葱段，倒入菠菜段，拌匀。

❾ 加入少许盐、鸡粉，拌匀，用中火略煮一会儿，至食材入味。

❿ 关火后盛出煮好的菠菜汤，装入碗中即成。

喂养·小·贴士

用香菇、海带、玉米制作素高汤，这样做出的汤品口感更佳。

流行性感冒

POINT 1　病情特点

　　流行性感冒（简称流感）是流感病毒引起的急性呼吸道感染，也是一种传染性强、传播速度快的疾病。其主要通过空气中的飞沫、人与人之间的接触或与被污染物品的接触传播。流感比较典型的症状有高烧、头痛、咳嗽、全身酸痛、疲倦无力、咽痛等，这些症状普通感冒也有，但普通感冒很少会出现全身症状，像周身酸痛等。

POINT 2　发病原因

　　1.除了夏季，其他季节都可见流行性感冒的发病，最密集的月份一般见于每年的12月到次年的3月份。多因为季节转变，天气忽寒忽热，没有及时添减衣物所致，特别是免疫力较弱的人群。

　　2.主要通过含有病毒的飞沫进行传播，人与人之间的接触或与被污染物品的接触也可以传播。

POINT 3　饮食原则

　　1.选择容易消化的流质饮食，如汤、粥、羹等。

　　2.保证水分的供给，可以多喝些酸性果汁，如山楂汁、苹果汁等可以促进胃液分泌，增进食欲。

　　3.多食含维生素C、维生素E的食物，如洋葱、生姜、苹果等，预防感冒。

POINT 4　注意事项

　　1.流行时期尽量少带儿童去人群拥挤的公共场所，以及少去医院门诊部病人集中的地方诊病，必要时甚至要停课，提倡小儿外出戴口罩。

　　2.平时应注重体格锻炼，多到室外有阳光处活动，增强身体耐寒能力。

　　3.冬季居室空气要新鲜，每日开窗数次换气。保持室温恒定。

豆角炒洋葱

材料：

洋葱 80 克

豆角 150 克

姜片 7 克

蒜末 7 克

调料：

盐、鸡粉各 3 克

料酒 3 毫升

水淀粉 3 毫升

食用油适量

做法：

① 洗净的豆角去头尾，切成小段状。

② 洗净的洋葱去头尾，切条，剥散。

③ 热锅注油烧热，放入姜片、蒜末，爆炒出香味。

④ 放入豆角，翻炒至段生。

⑤ 注入适量的清水。

⑥ 盖上锅盖，焖 2 分钟。

⑦ 掀盖，将洋葱、料酒倒入锅中，炒香。

⑧ 注入少量清水，翻炒均匀。

⑨ 放入盐、鸡粉、水淀粉，炒匀入味。

⑩ 关火，盛出菜肴装盘即可。

喂养小贴士

洋葱不宜炒得过老，以免破坏其营养物质。

马齿苋生姜肉片粥

材料：

水发大米 120 克，马齿苋 60 克，
猪瘦肉 75 克，姜块 40 克

调料：

盐、鸡粉各 2 克，料酒 4 毫升，胡椒粉 1 克，
水淀粉 8 毫升，芝麻油 4 毫升

做法：

1. 洗净的姜块切片，再切细丝。
2. 洗好的马齿苋切段，备用。
3. 洗净的猪瘦肉切片。
4. 把肉片装入碗中，加入盐、鸡粉、料酒、水淀粉，拌匀，腌渍约 10 分钟，备用。
5. 砂锅中注水烧热，倒入洗好的大米，拌匀。
6. 盖上盖，烧开后用小火煮约 20 分钟。
7. 揭开盖，倒入马齿苋，拌匀。
8. 再盖上盖，用中火煮约 5 分钟。
9. 揭盖，倒入瘦肉，撒上姜丝，拌匀。
10. 加适量盐、鸡粉、芝麻油、胡椒粉，拌匀调味即可。

喂养小贴士

把马齿苋放入沸水中
浸泡片刻，能有效去
除马齿苋的黏液。

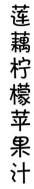

莲藕柠檬苹果汁

材料：

莲藕 130 克，柠檬 80 克，苹果 120 克

调料：

蜂蜜 15 克

1
2
3
4
5
6
7
8
9
10

做法：

① 洗净的莲藕切成小块。

② 洗好的苹果去核，去皮，再切成小块。

③ 洗净的柠檬去皮，把果肉切成小块。

④ 砂锅中注入适量清水烧开，倒入莲藕，煮 1 分钟。

⑤ 焯煮好的莲藕捞出，沥干水分，备用。

⑥ 取榨汁机，将食材倒入搅拌杯中。

⑦ 加入适量纯净水。

⑧ 加盖，选择"榨汁"功能，榨取蔬果汁。

⑨ 倒入适量蜂蜜，再次启动搅拌均匀。

⑩ 将搅匀的蔬果汁倒出装杯中即可。

喂养·小·贴士

莲藕焯水的时候可以放点盐，口感会更好。

233

POINT 1　病情特点

普通感冒是最常见的急性呼吸道感染性疾病，多呈自限性，但发生率较高。成人每年发生2~4次，儿童发生率更高，每年6~8次。全年皆可发病，冬春季较多。普通感冒通常是由病毒引起的，病程需1周左右，症状表现为发热、流涕、鼻塞、咳嗽等。

POINT 2　发病原因

1.缺乏营养：缺钙的儿童很容易感冒，因为这类孩子体内蛋白质不足，所以形成的抗体也少。缺钙的孩子往往缺乏维生素D，而维生素D不足会影响孩子呼吸道功能的发育。

2.错误穿衣：有些家长自己怕冷，也会给孩子穿得比较多，这样孩子就容易出汗，一出汗就容易感受外邪而导致感冒。

POINT 3　饮食原则

1.清淡食物能够提高宝宝食欲，避免营养与微量元素摄入不足。

2.宝宝感冒后肠胃的消化能力降低，很多食物都会增加宝宝肠胃负担。因此，感冒时宝宝的食物要以流质为主，同时可以搭配富含维生素的果汁等饮品。

POINT 4　注意事项

房间要注意通风透光，孩子的喉咙和鼻黏膜细腻敏感，容易受到病毒的侵蚀，经常透光和通风不利于病毒的繁殖，有利于孩子的健康。但是通风时要注意选择晴朗的天气，每隔2小时可以打开窗户通风10分钟；阴天或者雨雪天气就不要再打开窗户了，防止孩子着凉。

芦笋瘦肉汤

材料：

猪瘦肉 100 克

芦笋 90 克

胡萝卜 60 克

葱花少许

调料：

盐 3 克

鸡粉适量

水淀粉适量

食用油适量

1

2

3

4

5

6

7

8

9

10

做法：

❶ 将洗净的芦笋切成段。

❷ 洗好去皮的胡萝卜切段，再切成片。

❸ 洗净的猪瘦肉切成片。

❹ 把肉片装入碗中。

❺ 放入少许盐、鸡粉、水淀粉，拌匀上浆。

❻ 再注入适量食用油，腌渍约 10 分钟，至其入味。

❼ 锅中注入适量清水烧开，倒入胡萝卜片。

❽ 加入少许盐、鸡粉，淋入少许食用油。

❾ 倒入切好的芦笋，搅拌匀，用大火煮约 1 分钟，
至其断生。

❿ 再放入腌渍好的肉片，煮沸后撇去浮沫，续煮
至食材熟透即可。

（喂养·小·贴士）

瘦肉片切得薄一些，不仅可以缩短烹煮的时
间，还能使肉片的口感更佳。

冰糖雪梨米饭盅

材料：

雪梨 2 个，大米 25 克，水发黑米 25 克

调料：

冰糖 15 克

做法：

① 雪梨用小刀划成波纹形，切去其顶端部分，制成米饭盅盖。

② 用刀子和勺子将雪梨的内核去掉，制米饭盅。

③ 大米、黑米放入雪梨米饭盅里。

④ 加入冰糖。

⑤ 注入适量清水。

⑥ 盖上盅盖，备用。

⑦ 蒸锅中注入适量清水烧开，放上米饭盅。

⑧ 加盖，大火炖 40 分钟至熟。

⑨ 揭盖，关火后取出炖好的米饭盅。

⑩ 揭开盅盖，即可食用。

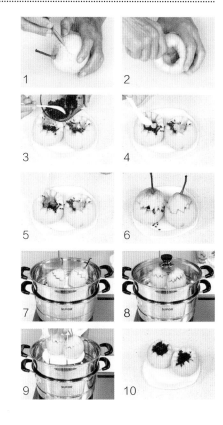

喂养·小·贴士

雪梨块最好泡在清水中，这样可以去除果肉的酸涩味。

芦荟银耳炖雪梨

材料：

芦荟85克，水发银耳130克，红薯100克，雪梨110克，枸杞10克

调料：

冰糖40克

1   2

3   4

做法：

❶ 洗净去皮的雪梨切成四瓣，去核，切成小块。

❷ 洗好去皮的红薯切成粗条，再切成小块。

❸ 洗净的芦荟切成小块。

❹ 洗好的银耳切去黄色根部，再切成小块。

❺ 砂锅中注入适量清水烧开，倒入切好的红薯、银耳、雪梨，搅拌匀。

❻ 加盖，用小火煮20分钟，至食材熟软。

❼ 揭盖，加入冰糖，倒入洗净的枸杞，放入芦荟，搅匀。

❽ 加盖，用小火续煮5分钟。

❾ 揭开盖，搅匀，使其更入味。

❿ 关火，盛出装碗即可。

喂养·小·贴士

冰糖应该在关火前加入，若关火之后加入则很难化开。

237

小儿肺炎

POINT 1　病情特点

小儿肺炎是婴幼儿时期的常见病，在我国北方地区以冬春季多见。肺炎是对肺部感染的一个统称。有发热、拒食、烦躁、喘憋等症状，早期体温为38～39℃，亦可高达40℃。除呼吸道症状外，患儿可伴有精神萎靡、烦躁不安、食欲不振、哆嗽、腹泻等全身症状。小婴儿常见拒食、呛奶、呕吐及呼吸困难。

POINT 2　发病原因

1.**细菌性肺炎**：由肺炎链球菌、流感嗜血杆菌、葡萄球菌、绿脓杆菌所引起。

2.**病毒性肺炎**：由腺病毒、流感病毒、呼吸道合胞病毒、麻疹病毒所引起。

3.**支原体肺炎**：是由支原体（MP）感染引起的，呈间质性肺炎及毛细支气管炎样改变。

4.**衣原体肺炎**：是由衣原体引起的肺炎，衣原体分为沙眼衣原体（CT）、肺炎衣原体（CP）鹦鹉热衣原体。

5.**真菌性肺炎**：由白色念珠菌、曲霉菌、卡氏肺囊虫等所引起。

POINT 3　饮食原则

1. 忌辛辣食物。辛辣之品刺激大，而且容易化热伤津，故肺炎患儿在膳食中不宜加入辣油、胡椒及辛辣调味品。

2. 吃营养丰富、容易消化、清淡的食物，多吃水果、蔬菜，多饮水。

POINT 4　注意事项

宝宝会出现反复肺炎的现象，小儿对疾病的抵抗力低下，对环境的适应能力也比较差，患肺炎之后较严重，因此必须认真做好预防。婴儿要尽量少与外界接触，避免交叉感染，家人患感冒或其他呼吸道感染性疾病，要尽量和婴儿隔离。

雪梨百合粥

材料：

去皮雪梨 50 克

水发百合 10 克

玉米粒 20 克

水发大米 30 克

水发枸杞 3 克

调料：

白糖 20 克

做法：

❶ 雪梨切片，切条，改切成丁。

❷ 往焖烧罐中倒大米、雪梨、百合、玉米粒。

❸ 倒入刚煮沸的开水至八分满。

❹ 旋紧盖子，摇晃片刻，静置 1 分钟，使得食材和焖烧罐充分预热。

❺ 揭盖，将开水倒出。

❻ 往焖烧罐中注入煮沸的清水至八分满。

❼ 旋紧盖子，闷 3 个小时。

❽ 揭盖，加入白糖。

❾ 充分拌匀至白糖溶化。

❿ 将焖好的粥盛入碗中即可。

喂养·小·贴士

百合具有美容养颜、润肺止咳、养阴消热、清心安神等功效。

银耳雪梨白萝卜甜汤

材料：

水发银耳 120 克，雪梨 100 克，白萝卜 180 克

调料：

冰糖 40 克

做法：

① 雪梨去皮切瓣，去核，再切成小块。

② 去皮的白萝卜对半切开，改切成小块。

③ 银耳切去黄色根部，再切成小块。

④ 砂锅中注入适量清水烧开。

⑤ 放入白萝卜、雪梨块、银耳。

⑥ 加盖，烧开后，用小火炖 30 分钟，至熟软。

⑦ 揭开盖，放入冰糖。

⑧ 搅拌均匀。

⑨ 盖上盖，煮 5 分钟，至冰糖溶化。

⑩ 揭盖，盛出煮好的甜汤，装入汤碗中即可。

雪梨不宜煮得太软烂，以免影响食用时的口感。

杏仁雪梨炖瘦肉

材料：

雪梨 150 克，瘦肉 60 克，杏仁 20 克，姜片适量

调料：

盐、鸡粉各 1 克

做法：

❶ 洗好的瘦肉切块儿。

❷ 洗净的雪梨切开去核，切块儿。

❸ 锅中注水烧开，倒入切好的瘦肉。

❹ 汆煮一会儿，去除血水和脏污。

❺ 捞出汆好的瘦肉，沥干。

❻ 取一碗，倒入汆好的瘦肉，放入雪梨块儿。

❼ 倒入杏仁、姜片，注入适量清水。

❽ 加入盐、鸡粉，搅拌均匀。

❾ 取出蒸锅，放上装有食材的碗。

❿ 锅内放入清水至 90 厘米水位线，炖煮 90 分钟至熟透断电即可。

喂养·小贴士

杏仁苦温宣肺，润肠通便，可润肺止咳。这道汤品有很好的润肺止咳功效。

小儿腹泻

POINT 1　病情特点

主要表现为排便次数明显增多、粪便稀薄，或伴有发热、呕吐、腹痛等症状及不同程度的水电解质、酸碱平衡紊乱。轻微的腹泻，患儿精神较好，无发热的症状；较严重的腹泻大多伴有发热、烦躁不安、精神萎靡、嗜睡等症状。

POINT 2　发病原因

1.消化不良，多为饮食不当、喂养不合理、食物粗糙或高脂等原因引起肠胃功能紊乱所致。

2.细菌或病毒引起的肠、胃道炎症。

POINT 3　饮食原则

1.腹泻期间，孩子的饮食宜清淡。可以给孩子吃些白粥，也可以用纤维素较少的蔬菜、豆腐、海鱼等食材做成食物。

2.给孩子吃一点有助于排便的食物，将毒素排出体外，可以缓解腹泻带来的不适。

POINT 4　注意事项

腹泻脱水患儿除严重呕吐者暂禁食4～6小时外，均应继续进食以缓解病情，缩短病程，促进恢复。腹泻时，会丢失大量的水分和无机盐，禁食或过度的饮食控制都会加重肠蠕动而使腹泻加重，甚至影响小儿的健康。因此，如果是母乳喂养的小儿，应继续纯母乳喂养，但是要注意少量多餐。

242

玉米胡萝卜鸡肉汤

材料：

鸡肉块 350 克

玉米块 170 克

胡萝卜 120 克

姜片少许

调料：

盐 3 克

鸡粉 3 克

料酒适量

做法：

① 洗净的胡萝卜切开，改切成小块。

② 锅中注水烧开，倒入洗净的鸡肉块。

③ 加入料酒，拌匀。

④ 用大火煮沸，氽去血水，撇去浮沫。

⑤ 把氽煮好的鸡肉捞出，沥干水分。

⑥ 砂锅中注水烧开，倒入氽过水的鸡肉。

⑦ 放入胡萝卜、玉米块。

⑧ 撒入姜片，淋入料酒，拌匀。

⑨ 盖上盖，大火烧开后用小火煮约至 1 小时至食材熟透。

⑩ 揭盖，放入适量盐、鸡粉，拌匀调味关火盛出煮好的鸡肉汤即可。

1

2

3

4

5

6

7

8

9

10

喂养小贴士

玉米须的药用价值较高，清理时可将其保存，单独熬煮成汤汁饮用。

银耳红枣莲子糖水

材料：

银耳、红枣、莲子各适量

调料：

冰糖适量

做法：

1️⃣ 莲子倒入盛有清水碗中，泡发 1 个小时。

2️⃣ 将银耳倒入清水中，泡发 30 分钟。

3️⃣ 将红枣泡发 10 分钟。

4️⃣ 将红枣中的水滤去，装入碗中。

5️⃣ 待时间到，将银耳中的水滤去。

6️⃣ 将泡发好的莲子水滤去，装碗待用。

7️⃣ 泡发好的银耳切去根部，再切成小朵。

8️⃣ 锅中注水，依次倒入银耳、莲子和红枣。

9️⃣ 加盖，大火煮开转小火煮 40 分钟

🔟 揭盖，加冰糖煲煮 10 分钟即可。

喂养小·贴士

银耳红枣莲子糖水具
有强精补肾、润肠益
胃、补气活血的效果。

244

莲子花生豆浆

材料：

水发莲子 80 克，水发花生 75 克，水发黄豆 120 克

调料：

白糖 20 克

做法：

1. 取榨汁机，倒入泡发洗净的黄豆。
2. 加入适量矿泉水。
3. 加盖，榨取黄豆汁。
4. 把榨好的黄豆汁盛出，滤入碗中。
5. 再把洗好的花生、莲子装入搅拌杯中，加入适量矿泉水，选择"榨汁"功能，榨汁。
6. 把榨好的莲子花生汁倒入碗中，待用。
7. 将榨好的汁倒入砂锅中。
8. 用大火煮约 5 分钟，至汁水沸腾。
9. 揭开盖子，放入适量白糖。
10. 搅拌匀，煮至白糖溶化即可关火盛出。

（喂养·小贴士）

花生使体内的胆固醇分解为胆汁酸排出体外，从而起到降血压、降血糖的作用。

小儿便秘

POINT 1 病情特点

　　每周排便次数少于3次，严重者可2~4周排便一次；排便时间长，严重者每次排便长达半小时以上；大便形状发生改变，粪便干结；排便困难或费力，有排便不尽感。

POINT 2 发病原因

　　1.宝宝进食太少，消化后剩余渣少，致大便减少；奶中糖量不足时肠蠕动减弱，使大便干燥；饮食不足，腹肌和肠肌张力减小甚至萎缩，收缩力减弱，形成恶性循环，加重便秘。

　　2. 小儿偏食，喜食肉类，少吃或不吃蔬菜、水果，食物中纤维素太少，也易发生便秘。

POINT 3 饮食原则

　　避免进食过少或食品过于精细，缺乏残渣，对结肠运动的刺激就会减少，易便秘。应增加蔬菜和水果及富含纤维素食物的摄入，补充缺乏的营养。补铁勿过量，会导致便秘；补充铁剂时，同时摄取多种维生素，促进吸收。

POINT 4 注意事项

　　缺乏规律睡眠，尤其是夜晚不睡、白天多睡的宝宝，最易发生便秘。宝宝3个月左右，大人就可以引导宝宝逐渐形成定时排便的习惯了，一个舒适可爱的便盆能起到不小的作用。有时宝宝会因为贪玩而忘了解决排泄问题，大人最好能及时提醒。

菠菜黑芝麻奶饮

材料：

菠菜 200 克

磨碎的黑芝麻 20 克

牛奶 100 毫升

调料：

蜂蜜 20 克

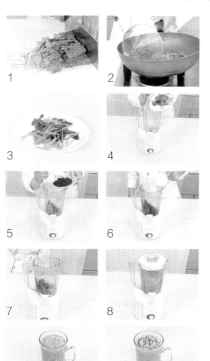

做法：

❶ 洗净的菠菜切段。

❷ 菠菜段汆烫 2 分钟至断生。

❸ 捞出汆好的菠菜段，沥干，装盘待用。

❹ 榨汁机中倒入菠菜段。

❺ 加入黑芝麻碎。

❻ 倒入牛奶。

❼ 注入 50 毫升凉开水。

❽ 盖上盖，榨约 25 秒成蔬果汁。

❾ 揭开盖，将榨好的蔬果汁倒入杯中。

❿ 淋上蜂蜜即可。

喂养·小·贴士

菠菜的蛋白质、胡萝卜素和叶绿素，对补血、保护视力、提高机体免疫力等有重要作用。

浓香黑芝麻糊

材料：

糯米 100 克，黑芝麻 100 克

调料：

白糖 20 克

做法：

1. 黑芝麻，用小火炒至香味飘出。
2. 将炒好的黑芝麻装盘待用。
3. 备好搅拌机，将炒好的黑芝麻倒入干磨杯中，将干磨杯扣在搅拌机中。
4. 选择"干磨"功能，操作 10 秒后取出。
5. 黑芝麻碎，重复磨数次直至成黑芝麻粉末。
6. 将磨好的黑芝麻粉装盘待用。
7. 将糯米粉倒入干净的干磨杯中，操作方法和磨制黑芝麻相同。
8. 将磨好的糯米粉装盘待用。
9. 沸水锅中分次加入糯米粉，搅拌至呈黏稠状。
10. 分次倒黑芝麻粉，搅拌至融合加白糖即可。

喂养·小·贴士

糯米有温暖脾胃、补益中气等多种功效。

红薯芋头甜汤

材料：

去皮芋头 60 克，去皮马蹄 60 克，去皮红薯 60 克

调料：

红糖 15 克

1　　2

3　　4

5　　6

7　　8

9　　10

做法：

❶ 马蹄切成厚片，改切成丁。

❷ 芋头切片，切成条状，改切成丁。

❸ 去皮红薯切成丁。

❹ 往焖烧罐中倒芋头丁、马蹄丁、红薯丁。

❺ 注入开水至八分满。

❻ 旋紧盖子，摇晃片刻静置 1 分钟，使得食材和焖烧罐充分预热。

❼ 揭盖，将里面的开水倒出。

❽ 再次加入开水至八分满。

❾ 旋紧盖子，再次摇晃片刻，使食材充分混匀，焖烧 3 个小时。

❿ 揭盖倒入红糖，充分拌匀至入味即可。

喂养小·贴士

红枣可事先去核，这样不仅能去燥热，食用起来也更方便。

手足口病

POINT 1　病情特点

　　手足口病是由肠道病毒引起的传染病。多发生于5岁以下儿童，表现为口痛、厌食、低热，手、足、口腔等部位出现小疱疹或小溃疡，多数患儿一周左右自愈。

POINT 2　发病原因

　　1.公共场所人群密切接触传播。通过被病毒污染的毛巾、玩具等物品。
　　2.喉咙分泌物（飞沫）传播。
　　3.饮用或食用被污染过的水或食物。

POINT 3　饮食原则

　　1.饮食以牛奶香蕉糊等泥糊状食物为主。牛奶提供优质蛋白质；香蕉易制成糊状，富含碳水化合物、胡萝卜素和果胶，能提供热能、维生素，且润肠通便。
　　2.家长需准备清淡易消化、温度适宜的流质食物，避免食物对手足口病小儿口腔及胃肠道的刺激及损伤，促使营养较好地吸收。

POINT 4　注意事项

　　1.手足口病好了后还会有复发的可能，所以一定要注意孩子的个人卫生，到家要彻底地洗净手。
　　2.不要到人口密集的地方去玩，大人和孩子回到家都要洗手！
　　3.关键还是要注意卫生习惯！

牛奶焖木瓜

材料：

去皮木瓜 100 克

牛奶 200 毫升

调料：

冰糖 30 克

做法：

① 去皮木瓜切厚片，去瓤，对半切开，切条，改切成丁。

② 热锅中倒入牛奶，煮沸腾后转小火。

③ 往焖烧罐中倒入木瓜。

④ 注入刚煮沸的开水至八分满。

⑤ 旋紧盖子，摇晃片刻，静置 1 分钟，使得食材和焖烧罐充分预热。

⑥ 揭盖，将开水倒出。

⑦ 接着往焖烧罐中倒入冰糖。

⑧ 注入煮沸的牛奶至八分满。

⑨ 旋紧盖子，闷 1 个小时。

⑩ 揭盖，将闷好的甜汤盛入碗中即可。

喂养小贴士

这道甜品也可以用蜂蜜来代替冰糖，效果也许会更好。

益母草鲜藕粥

材料：

益母草5克，莲藕80克，水发大米
200克

调料：

蜂蜜少许

做法：

① 洗净去皮的莲藕切厚片，再切条，改切成块，
   备用。

② 砂锅中注入适量清水，用大火烧热。

③ 倒入备好的益母草，搅拌均匀。

④ 加盖，用中火煮20分钟至其析出有效成分。

⑤ 揭开锅盖，将药材捞干净。

⑥ 倒入洗好的大米，搅拌匀。

⑦ 盖上锅盖，煮开后转小火煮40分钟。

⑧ 揭开锅盖，倒入莲藕块，搅拌匀。

⑨ 再盖上锅盖，再煮10分钟。

⑩ 揭盖，淋入少许蜂蜜搅拌均匀即可关火装碗。

喂养·小·贴士

莲藕具有益气补血、
增强免疫力、健脾开
胃等功效。

百日咳

POINT 1　病情特点

百日咳是一种由百日咳杆菌引起的急性呼吸道传染病。宝宝在感染后以咳嗽逐渐加重，继而有阵发性痉挛性咳嗽，咳毕有特殊的鸡啼样吸气性回声为主要特征，病程可拖延2～3个月以上。

POINT 2　发病原因

百日咳患者、隐性感染者及带菌者为传染源。潜伏期末到病后2～3周传染性最强。百日咳经呼吸道飞沫传播，5岁以下小儿易感性最高。

POINT 3　饮食原则

1.适当佐入清肺润肠之品，保持大便通畅，如银耳等。

2.饮食应清淡、易消化，应以牛奶、米粥、汤面、菜泥等流质、半流质饮食为主，不能吃辛辣、肥厚、油腻的食物，以免助热生痰。

3.注意饮食调节，要保证每天热量、液体量、维生素等营养素的供给。特别是咳嗽、呕吐影响进食的病儿，食物要求干、软，易消化。

POINT 4　注意事项

忌关门闭户，空气不畅。有的家长见孩子咳嗽，怕孩子着凉，把门户关得严严的。其实这样并不好。百日咳的孩子由于频繁剧烈的咳嗽，肺部过度换气，易造成氧气不足，一氧化碳潴留，应有较多的氧气补充，让孩子多在户外活动，在室内也尽量保持空气新鲜、流通，对孩子有益无害。

菠菜银耳粥

材料：

菠菜 100 克

水发银耳 150 克

水发大米 180 克

调料：

盐 2 克

鸡粉 2 克

食用油适量

做法：

① 银耳切去黄色根部，再切成小块。

② 洗好的菠菜切成段。

③ 砂锅中注入适量清水，用大火烧开。

④ 倒入泡好的大米，搅拌匀。

⑤ 加盖，烧开后用小火煮至大米熟软。

⑥ 揭盖，放入银耳，拌匀。

⑦ 盖好盖，续煮 15 分钟，至食材熟烂。

⑧ 揭盖，放入菠菜，拌匀。

⑨ 倒入适量食用油，搅拌匀。

⑩ 加入鸡粉、盐，用锅勺拌匀，装碗即可。

喂养小·贴士

银耳具有益气清肠、补脑、养阴清热、润燥的功效。

榛子红豆糯米粥

材料：

水发糯米 30 克

水发红豆 30 克

榛子仁 30 克

玉米粒 10 克

做法：

1. 榛子仁对半切开。
2. 将红豆、糯米、玉米粒倒入焖烧罐中。
3. 注入刚煮沸的清水至八分满。
4. 旋紧盖子，摇晃片刻，静置 1 分钟，使得食材和焖烧罐充分预热。
5. 揭盖，将开水倒出。
6. 接着倒入榛子仁。
7. 再次注入刚煮沸的清水至八分满。
8. 摇晃片刻，静置焖烧 3 个小时。
9. 揭盖，充分搅拌片刻。
10. 将焖好的粥盛入碗中即可。

喂养小·贴士

婴幼儿适量食用红薯，可以提高营养物质的吸收与利用率，促进机体发育生长。

北沙参清热润肺汤

材料：

北沙参、麦冬、玉竹、白扁豆、龙牙
百合各适量，瘦肉 200 克

调料：

盐 2 克

做法：

① 将北沙参、麦冬、玉竹和白扁豆、龙牙百合分
别置于清水中清洗干净。

② 再分别用适量的清水泡发，待用。

③ 锅中注水烧开，放入洗净的瘦肉块，搅匀。

④ 汆去血渍后捞出，沥干水分，待用。

⑤ 砂锅中注水，倒入汆好的瘦肉块。

⑥ 放入北沙参、麦冬、玉竹和白扁豆。

⑦ 盖上盖，大火烧开后转小火煲煮约 100 分钟，
至食材熟软。

⑧ 揭盖，倒入泡好的百合，搅匀。

⑨ 加盖，用小火续煮至食材熟透。

⑩ 放盐调味，略煮一小会儿关火即可。

喂养·小·贴士

北沙参有养阴清肺的
功效，配以麦冬、玉
竹，有清肺止咳、滋
阴益肾的效果。

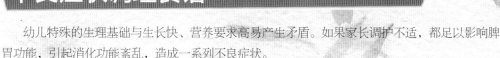

不良症状调理食谱

幼儿特殊的生理基础与生长快、营养要求高易产生矛盾。如果家长调护不适，都足以影响脾胃功能，引起消化功能紊乱，造成一系列不良症状。

营养性贫血

POINT 1　病情特点

婴儿贫血大部分是营养性贫血，营养性贫血又可分为营养性小红血球性（缺铁性）贫血和营养性巨幼红血球性（维生素B_{12}、叶酸缺乏）贫血。婴儿长期贫血影响心脏功能及智力发育，贫血患儿会出现面色苍白或萎黄、食欲下降、容易疲劳、抵抗力低、注意力不集中、情绪易激动等症状，还会出现头痛、头晕、眼前有黑点等现象。

POINT 2　发病原因

1. 母亲本身就贫血，由于自身身体状况的原因，造成孩子贫血。
2. 由于妈妈很难判断宝宝每次进食量的多少，如果宝宝长期没有吃饱，也可能造成贫血。某些因素也会影响铁吸收，比如补钙过多。

POINT 3　饮食原则

1. 当宝宝开始吃固体食物后，要多喂食含大量铁质的食物，如鸡蛋黄、米粥、菜粥等，但应避免喂食糖，因食糖会阻碍铁质的吸收。
2. 补充富含维生素C的食物，比如西红柿汁、菜泥等，以增进铁质吸收。

POINT 4　注意事项

对于营养不良性贫血的小儿，应适当控制活动量，同时因为贫血小儿抗病能力下降，父母要注意居室温度，及时增减衣被，严防感冒，避免合并感染以加重病情。

韭菜炒羊肝

材料：

韭菜 120 克

姜片 20 克

羊肝 250 克

红椒 45 克

调料：

盐、鸡粉各 3 克

生粉 5 克

料酒 16 毫升

生抽 4 毫升

食用油适量

做法：

① 洗好的韭菜切段，红椒切条。

② 处理干净的羊肝切成片，备用。

③ 将羊肝装入碗中，放入姜片、料酒。

④ 再加入少许盐、鸡粉、生粉搅拌均匀，腌渍 10 分钟。

⑤ 锅中注入适量清水烧开，放入腌好的羊肝煮至沸，氽去血水。

⑥ 捞出氽羊肝，沥干水分倒入锅中略炒。

⑦ 淋入适量料酒，炒匀提味。

⑧ 加入适量生抽，翻炒均匀。

⑨ 倒入切好的韭菜、红椒。

⑩ 加入少许盐、鸡粉，快速翻炒匀，至食材熟透即可。

喂养·小·贴士

羊肝氽水时可以放入少许白醋，以去除膻味。

韭菜炒猪血

材料：

韭菜150克，猪血200克，彩椒70克，姜片、蒜末各少许

调料：

盐4克，鸡粉2克，沙茶酱15克，水淀粉8毫升，食用油适量

做法：

❶ 洗净的韭菜切成段。

❷ 洗好的彩椒切条，改切成粒。

❸ 洗净的猪血切条，再切成小块，备用。

❹ 锅中注入适量清水烧开，放入少许盐。

❺ 倒入猪血块，煮1分钟，至其五成熟。

❻ 捞出汆煮好的猪血，沥干水分，备用。

❼ 用油起锅，放姜片、蒜末，加彩椒，炒香。

❽ 放入韭菜段略炒片刻，加入适量沙茶酱炒匀。

❾ 倒入猪血，加入适量清水，翻炒匀。

❿ 放入少许盐、鸡粉调味后，淋入适量水淀粉，炒匀即可。

喂养·小·贴士

韭菜具有补肾温阳、益肝健胃、润肠通便、行气理血等功效。

枸杞首乌鸡蛋大枣汤

材料：

枸杞 8 克，红枣 15 克，首乌 10 克，鸡蛋 2 个

调料：

盐 2 克，芝麻油 2 毫升

做法：

① 将鸡蛋打入碗中，打散调匀，备用。

② 锅中注水烧开，放入洗净的首乌。

③ 加盖，小火煮 20 分钟，至其析出有效成分。

④ 揭开盖子，将首乌捞出。

⑤ 加入洗好的红枣、枸杞。

⑥ 加盖，用小火再煮 10 分钟，至其熟软。

⑦ 揭盖，放入少许盐，拌匀调味。

⑧ 倒入蛋液，搅拌匀。

⑨ 淋入芝麻油，搅拌一会儿。

⑩ 盛出煮好的汤料，装入汤碗中即可。

喂养·小·贴士

首乌具有补肝益肾、养血祛风的功效。

肥胖症

POINT 1 病情特点

肥胖症是由于食欲旺盛，日常进食的营养超过了生长发育所需，致使多余的营养转变成脂肪组织贮藏在体内，形成肥胖。3岁以下宝宝的考察指标为体重（千克）/身高（厘米）×10，若结果超过22则为肥胖。

POINT 2 发病原因

1.**多吃少动**：这样的宝宝大多自婴儿期就食欲很好，容易接受添加的辅食，长大了爱吃荤菜、甜食及油腻的食物，吃较多的零食。在幼儿时，这样的小儿长得比同年的孩子高、胖。平时活动较少，减少了运动的消耗，相对地也增加了营养的积累，使肥胖加重。

2.**脂肪代谢障碍**：现代医学认为血管硬化、冠心病等疾病与脂肪代谢障碍有关，而肥胖者的发病率则明显较高。宝宝体重超标更容易发生脂肪性肝炎。

POINT 3 饮食原则

1.**改变食物种类**：肥胖的小儿一向食欲旺盛，故应从改变食物种类入手，避免多吃高营养、高热量的食物，即含脂肪、淀粉类丰富的食物，如肥肉、甜食、糕饼、土豆、山芋、油炸食物、巧克力等，而多吃些含热量较低、富含蛋白质的食物，如瘦肉、鱼、豆制品、粗粮。

2.**调整饮食**：控制小儿体重超常应从饮食调整及增加活动着手。多吃些蔬菜和水果，使孩子每餐食后仍有饱足感。

POINT 4 注意事项

1.尽量让孩子到室外多做些体力活动，这可以增加能量消耗，防止肥胖。

2.不要用食品对孩子进行奖励或惩罚。要限制孩子吃高脂肪食品和糖果、糕点，少吃荤油、肥肉。给孩子准备适量低热量的食品，如蔬菜和水果。

花蛤冬瓜汤

材料：

花蛤蜊 200 克，去皮冬瓜 200 克，枸杞 2
克，葱花 4 克，姜片 4 克

调料：

盐 3 克，料酒 10 毫升，食用油
适量

做法：

① 沸水锅中倒入葱花、姜片，加入料酒。

② 倒入花蛤蜊，焯水约 3 分钟至开口。

③ 捞出焯好的花蛤蜊，沥干水分，装碗。

④ 洗净的冬瓜切小块。

⑤ 取出电饭锅，倒入切好的冬瓜。

⑥ 放入焯好的花蛤蜊。

⑦ 加入枸杞，倒入食用油。

⑧ 加入适量清水至没过食材，搅拌均匀。

⑨ 煮 45 分钟至食材熟软。

⑩ 加入盐，撒上葱花即可。

喂养·小·贴士

花蛤蜊有降低胆固
醇、滋阴明目、化痰、
养胃等功效。

菌菇稀饭

材料：

金针菇 70 克，胡萝卜 35 克，香菇 15 克，
绿豆芽 25 克，软饭 180 克

调料：

盐少许

做法：

❶ 将洗净的豆芽切粒。

❷ 洗好的金针菇切去根部，切成段。

❸ 洗好的香菇切片，改切成丁。

❹ 洗净的胡萝卜切条，改切成丁。

❺ 锅中倒入适量清水，放入切好的材料。

❻ 盖上锅盖，用大火煮沸。

❼ 揭盖，调成小火，倒入软饭，搅散。

❽ 再盖上盖，煮 20 分钟至食材软烂。

❾ 揭开盖，倒入绿豆芽，搅拌片刻。

❿ 放入少许盐搅匀即可盛出。

喂养·小·贴士

绿豆芽具有清热解
毒、补钙、补锌、健
脑、护眼等作用。

玉竹苦瓜排骨汤

材料：

排骨段 300 克

苦瓜 250 克

玉竹 20 克

调料：

盐 2 克

鸡粉 2 克

料酒 6 毫升

做法：

① 将洗净的苦瓜切开，再切成片。

② 锅中注入适量清水烧开。

③ 放入排骨段，汆去血渍。

④ 再捞出排骨，沥干水分，待用。

⑤ 砂锅中注入适量清水烧开。

⑥ 倒入汆煮过的排骨段，放入洗净的玉竹，淋入少许料酒，搅匀提味。

⑦ 盖上盖，烧开后用小火炖煮约 25 分钟，至排骨熟软。

⑧ 揭盖，倒入苦瓜片，搅拌匀。

⑨ 加盖，用小火续煮约 10 分钟，至食材熟透。

⑩ 加少许盐、鸡粉调味，续煮片刻即可。

喂养·小·贴士

苦瓜切片后用少许盐腌渍一会儿，可减轻苦味，改善汤汁的味道。

小儿积食

POINT 1 病情特点

积食主要病征是形体消瘦，体重不增，腹部胀满，纳食不香，精神不振，夜眠不安，大便不调，常有恶臭，舌苔厚腻。多见于1~5岁儿童，可能造成肠胃和肾脏的病变，需要引起重视。

POINT 2 发病原因

多由偏食、营养摄入不足、喂养不当、消化吸收不良所致。儿童的机体生理功能尚未完善，生长发育迅速，而家长怕儿童吃不饱，不断喂食，因此儿童易出现消化功能紊乱，导致脾气虚损而发生积食。

POINT 3 饮食原则

1. 忌食一切辛辣、炙烤、油炸、爆炒类食物，以免助湿生热；忌食生冷瓜果、性寒滋腻等损害脾胃、难以消化的食物；忌食一切变味、变质、不洁的食物。

2. 宜多食鱼、肉、鸡、蛋等高蛋白饮食，还要做到加工至烂熟，以便容易消化。

POINT 4 注意事项

1. 室外运动。平日里可选择阳光明媚的天气外出活动，让宝宝温暖玩耍的同时还能促进身体对钙的吸收，又能避免积食，一举两得。公园、操场都是带着宝宝外出玩耍的好地方。

2. 饭后散步。吃饱了千万别让宝宝在床上躺着，家长带着宝宝一起外出散步可帮助宝宝消化。

陈皮山楂豆浆

材料：

水发黄豆40克，水发大米45克，陈皮7克，
山楂8克

调料：

冰糖适量

做法：

1. 将已浸泡8小时的黄豆倒入碗中，放入大米、陈皮、山楂。
2. 加入适量清水。
3. 用手搓洗干净。
4. 将洗好的材料倒入滤网，沥干水分。
5. 把洗好的材料倒入豆浆机中。
6. 注入适量清水，至水位线即可。
7. 盖上豆浆机机头，选择"五谷"程序打浆。
8. 待豆浆机运转约20分钟，即成豆浆。
9. 把煮好的豆浆倒入滤网，滤取豆浆。
10. 把滤好的豆浆倒入碗中加冰糖拌匀撇去浮沫即可。

喂养·小·贴士

> 山楂有健脾开胃、消食化滞、活血化痰等功效。

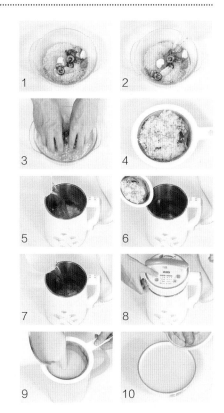

香菇柿饼山楂汤

材料：

鲜香菇 45 克，山楂 90 克，柿饼 120 克

调料：

冰糖 30 克

1

2

3

4

5

6

7

8

9

10

做法：

① 洗净的山楂切开，去核，切成小块。

② 洗好的香菇切条，改切成丁。

③ 洗净的柿饼切成小块，备用。

④ 砂锅中注水烧开，倒入切好的山楂、香菇。

⑤ 放入切好的柿饼。

⑥ 加盖，用小火煮 10 分钟，至柿饼熟软。

⑦ 揭开盖子，加入适量冰糖，搅拌匀。

⑧ 盖上盖子，续煮一会儿至冰糖溶化。

⑨ 揭盖，用勺搅拌片刻，使汤汁更入味。

⑩ 关火后盛出煮好的汤料，装入碗中即可。

喂养小·贴士

香菇是具有高蛋白、低脂肪、多糖和多种维生素的菌类食物。

姜汁拌菠菜

材料：

菠菜 300 克

姜末少许

蒜末少许

调料：

南瓜籽油 18 毫升

盐 2 克

鸡粉 2 克

生抽 5 毫升

做法：

① 洗净的菠菜切成段，待用。

② 沸水锅中加入盐。

③ 淋入 8 毫升南瓜籽油。

④ 倒入切好的菠菜。

⑤ 汆煮一会儿至断生。

⑥ 捞出汆好的菠菜，沥干水分，装碗。

⑦ 往汆煮好的菠菜中倒入姜末、蒜末。

⑧ 倒入 10 毫升南瓜籽油。

⑨ 加入盐、鸡粉、生抽。

⑩ 充分地将食材拌匀装盘即可。

喂养小贴士

菠菜含有胡萝卜素、维生素 C、维生素 K、矿物质等成分，具有行气补血、促进食欲等功效。

麦粒肿

POINT 1　病情特点

麦粒肿又称针眼、睑腺炎，是睫毛毛囊附近的皮脂腺或睑板腺的急性化脓性炎症。麦粒肿分为内麦粒肿和外麦粒肿两型。初起时，患儿眼睑边缘出现局限性红肿，3~4天后，红肿的中央皮肤颜色变为黄白色，并可见到脓头。脓头自行破溃后，红肿就会消退。

POINT 2　发病原因

1.麦粒肿大多是由金黄色葡萄球菌引起的眼睑腺体急性化脓炎症。

2.眼部的慢性炎症，如结膜炎、睑缘炎，或屈光不正而造成的眼疲劳，也是麦粒肿的重要诱因。

3.患糖尿病或消化道疾病时，因血糖升高或身体抵抗力弱，细菌在人体内容易繁殖，这也是易引起眼部化脓性感染的因素。

POINT 3　饮食原则

1.患者除局部烘热赤痛外，常可兼见发热、恶寒、全身不适等症状，故饮食宜以清淡、易消化为主，忌食辛热、肥而油腻的食材，可选食粥、面汤等食物。

2.经常反复发作者，平时宜食用扶脾益气、养血的食物，如山药、当归等。

POINT 4　注意事项

1.麦粒肿初期或脓肿未形成时，都可局部热敷，每日3次，每次20分钟。热敷能加快眼部的血液循环，有消肿止痛的作用。

2.治疗期间注意休息，不吃刺激食物，多饮水并保持大便通畅。

茯苓枸杞山药粥

材料：

山药 150 克，茯苓 8 克，水发大米 150 克，
枸杞 5 克

调料：

红糖 25 克

做法：

① 洗净的山药切成丁。

② 砂锅中注水烧开，倒入大米，放茯苓，搅匀。

③ 加盖，用小火煮 30 分钟至大米熟软。

④ 揭盖，放入枸杞，搅拌匀。

⑤ 加入山药丁，搅匀。

⑥ 加盖，用小火续煮 10 分钟至粥浓稠。

⑦ 揭开盖，撇去浮沫。

⑧ 加入红糖。

⑨ 拌匀调味。

⑩ 关火后盛出煮好的粥，装入碗中即可。

喂养·小·贴士

山药皮容易引起皮肤
过敏，削皮后应多洗
几遍手。

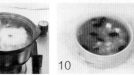

夏枯草猪肺汤

材料：

猪肺 80 克，夏枯草 12 克，姜片、葱段各少许

调料：

盐、鸡粉各少许，料酒 3 毫升

1
2
3
4
5
6
7
8
9
10

做法：

❶ 将洗净的猪肺切开，再切块，备用。

❷ 锅中注水烧热，倒入切好的猪肺。

❸ 拌匀，淋入少许料酒，煮约 5 分钟。

❹ 捞出材料，置于清水中，清洗干净。

❺ 捞出猪肺，沥干水分，装入盘中。

❻ 砂锅中注水烧热，倒入汆过水的猪肺。

❼ 放入备好的夏枯草，撒上葱段、姜片，淋入少许料酒，拌匀。

❽ 加盖，烧开后用小火煮至食材熟透。

❾ 揭盖，加入少许盐、鸡粉，拌匀，略煮一会儿至汤汁入味。

❿ 关火后盛出煮好的汤料，装入碗中即成。

喂养·小·贴士

猪肺含有蛋白质、维生素 B_1、维生素 B_2、钙、磷、铁等营养成分。

271

山药鸡蛋糊

材料：

山药 120 克，鸡蛋 1 个

做法：

1. 将去皮洗净的山药对半切开，切成片。
2. 把切好的山药装入盘中，备用。
3. 将山药和鸡蛋放入烧开的蒸锅中。
4. 盖上盖，用中火蒸 15 分钟至熟。
5. 把蒸好的山药和鸡蛋取出。
6. 将山药装入碗中，压碎，压烂。
7. 鸡蛋剥去外壳，取蛋黄，备用。
8. 将蛋黄放入装有山药的碗中。
9. 充分搅拌均匀。
10. 另取一个碗，装入拌好的山药鸡蛋糊即可。

喂养小贴士

山药质润兼涩，补而不腻，具有健脾益肺、补肾固精、养阴生津的功效。

附录

"乖宝宝"的养成

宝宝挑食、偏食、不好好吃饭是现在许多家长非常头疼的一件事。如何让你的宝宝从小就养成良好的用餐习惯和进餐礼仪呢? 让我们一起看看饮食上的乖宝宝是怎样养成的吧!

培养好的用餐习惯

良好的用餐习惯会伴随宝宝的一生。

在宝宝开始添加辅食的时候,就需要在家中备一套儿童餐椅,等到宝宝1岁左右的时候,就可以将餐椅放到餐桌旁,与大人一同吃饭,养成独立用餐的好习惯。

宝宝在刚刚接触除母乳以外的食物时,可能会对很多食物有抵触,这时候家长就需要在一旁正确引导,让宝宝通过尝试来知道食物的美味。宝宝如果因为贪玩而不吃东西,家长就应该把食物收走,让宝宝知道这是他自己选择的结果,不吃饭就要挨饿。要尊重宝宝的选择,培养宝宝的主见意识。

除此之外,还要养成定点吃饭的习惯。一日之计在于晨,早餐的营养丰富决定了一天的精力充沛。到了时间点吃饭,吃饭时细嚼慢咽,也有利于宝宝的消化。

进餐礼仪的训练

父母是孩子最好的老师,宝宝在餐桌上的大多数习惯,都是从父母那里模仿而来的。
餐前洗手,避免病从口入。

餐桌上尽量不要大声喧哗,或者看着电视吃饭,这样会分散宝宝的注意力,从而体会不到食物的美味。应该一家人坐在一起轻声交谈,鼓励孩子发表自己的意见。如果想吃的菜离自己比较远,可以把餐具递给别人,让其帮忙给自己夹菜。不在菜里翻来翻去,看准再夹。

如果宝宝吃饱了,可鼓励其自己收拾餐具,并在饭后洗手漱口。

父母在餐桌上的行为习惯会影响宝宝,以身作则才是最好的礼仪训练。

了解宝宝急救常识，给宝宝最好的护理

宝宝对周围环境缺乏足够的认识，控制自己行为的能力差，加上动作协调差，所以意外是很容易发生的。那么发生意外后，就要求家长必须在现场作出应急处理，所以掌握一些家庭急救的基本方法是非常有必要的。

●如何测量小儿的体温

将体温计的水银用力甩到36℃以下，放在小儿的腋窝处，此时需要抱住小儿的胳膊让体温计紧贴小儿身体5分钟左右即可。如果体温超过38.5℃，可给患儿采取温水擦浴法，同时可用按摩手法促进血管扩张而促进发热。如果还是高烧不退，则需尽早就医。

●如何处理小儿中暑

如果小儿中暑了，第一时间将其移到通风阴凉处，使其躺平，头颈及肩部位置稍微垫高，脱去身上衣物，并用风扇帮助其降温，同时喂服十滴水或其他冷饮料等，也可用温水擦拭身体散热。如果小儿昏迷不醒，则在做完上述处理后尽早就医。

●如何处理受伤出血

小儿受伤后，如需露出受伤部位，尽量避免粗暴强硬，如果确实需要破坏衣物，则尽可能从缝合处剪开。出血量不多的情况下，直接用无菌纱布叠数层覆住伤口，再用绷带加压包扎即可。膝部受伤时尽量不要走动，也不要强迫孩子伸直膝部。另，如出血量较多，血流如注，则可能是动脉损伤出血，一般情况下采用指压止血法，如手指出血，则压迫手指根部两侧指动脉；手、前臂及上臂下部的出血，则需要在上臂的前面或后面，用拇指或四指压迫上臂内侧动脉血管等，并第一时间送至医院。

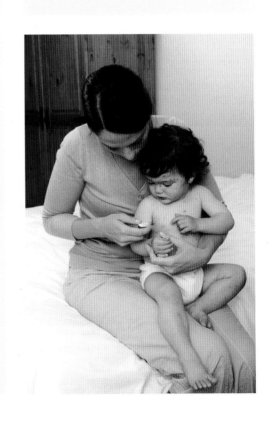

●什么情况下需要冷敷、热敷

热敷用于小儿受凉引起的腹痛、关节炎以及软组织损伤等症状，可以使肌肉松弛、血管扩张，促进血液循环。热敷分为干热敷和湿热敷，干热敷一般将50~60℃的热水灌入热水袋，灌入量为热水袋容量的1/2~2/3处，并将里面的空气排出，用毛巾包裹敷于患处，热敷时间在20~30分钟即可。湿热敷则是将毛巾浸热水后拧干敷于患处即可。

冷敷用于降温退热、局部炎症、内出血及扭伤早期，有止痛、止血、散热等功能。冷敷分为两种，一种是用冰袋冷敷，在冰袋里装入半袋或三分之一袋碎冰或冷水，把袋内的空气排出，用夹子把袋口夹紧，放在病人额头、腋下、大腿根等处。没有冰袋时，用塑料袋也可。另一种是把毛巾或敷布在冷水或冰水内浸湿，拧干敷在患处，最好用两块布交替使用。

●如何处理儿童溺水

小儿溺水后，可能因为缺氧太久导致心跳呼吸停止。这种情况下，要保持冷静，并在救护人员到来之前进行急救。

首先，尽快捞出水面，倾出呼吸道积水、淤泥杂草等，以保证气道畅通。方法一：抢救者单膝跪地，将患儿置于屈起的大腿上，使其头足下垂。通过颤动大腿或拍其背部，使积水倾出。方法二：让溺水儿童抵在抢救者肩部，使其头足下垂，通过来回跑动将积水倾出。倾水的时间不宜长，以免延误心肺复苏。若孩子尚有呼吸心跳，则需要将其舌头拉出，以保证呼吸顺畅；对呼吸、心跳微弱或刚停止的溺水者，应迅速进行口对口（鼻）式的人工呼吸，并施行胸外心脏按压，并配合医护人员救助。

●如何处理小儿触电

首先应迅速脱离电源，家长可以木棍或其他绝缘体将电线拨开。如果直接将小儿拖开，则家长需站在干木板或其他绝缘物体上，拉住小儿的干衣角将其拖开。脱离电源后，若小儿只感到心慌、头晕、四肢发麻，则需原地休息1~2个小时，避免因走动导致死亡；如果小儿面部发紫、昏迷不醒等，则需立即联系医院急救。

动手能力训练，让宝宝更聪明

宝宝一天天长大，手眼协调反应能力也在不断发展，这个时候多跟宝宝玩一些简单的小游戏，让宝宝动手又动脑。

分类类游戏

提供一些有相同特征的不同物品给孩子分类，不同的分类方式有不同的类别，家长不可以以固有的标准答案去要求孩子分类，要鼓励其发散思维，提高创造力。

绘画类游戏

从简单的线条开始，宝宝似乎对绘画一直很感兴趣，家长这个时候可以在儿童房里装一块白板，或者干脆准备一个很大的纸箱子，把宝宝放进去，随意涂鸦，享受自由创作的美妙。

想象类游戏

宝宝的思想不能被禁锢起来，家长可以让宝宝描述一下，未来的世界会怎么样，未知的领域会有什么，从这项事物可以想到什么东西。开发想象力，让宝宝更加乐于思考。

猜谜类游戏

开始的时候，谜面简单一点即可，通过对不同事物的描述来猜测谜底，可以锻炼宝宝的推理能力。

观察类游戏

适时带孩子外出游玩，观察一下世间万物的生长和变化，体会大自然的美妙。

组合类游戏

选择色彩鲜艳柔和、表面光滑、大小适中。无异味的积木、七巧板等，让宝宝自己动手搭配组合，动用自己的想象力，组成他的城堡与庄园。

276

宝宝成长过程中不能忽视的关键时间点

宝宝成长的每一步都是家长生活中的一大步，所以家长们更不能错过宝宝成长过程中的几个关键时间点了。一起来看一下有哪些关键时刻需要家长们重视吧。

POINT 1　接种疫苗

出生24小时内，首次接种乙肝疫苗和卡介苗；1月龄第二次接种乙肝疫苗；2月龄首次接种脊灰疫苗；3月龄第二次接种脊灰疫苗，首次接种无细胞百白破疫苗；4月龄第三次接种脊灰疫苗、第二次接种无细胞百白破疫苗；5月龄第三次接种无细胞百白破疫苗；6月龄第三次接种乙肝疫苗、第一次接种流脑疫苗；8月龄首次接种麻疹疫苗；9月龄第二次接种流脑疫苗；1岁首次接种乙脑减毒疫苗；2岁第二次接种乙脑减毒疫苗、接种甲肝疫苗；3岁加强A+C流脑疫苗。

POINT 2　添加辅食

4~6个月开始，就可以给宝宝添加辅食了，过早或过晚都不利于宝宝的营养需求。添加辅食的要点是从单一到多样，从稀到稠，从少到多。

POINT 3　开始刷牙

宝宝6个月左右，父母就可用纱布蘸温开水给宝宝清理口腔；两岁半左右，就要教会宝宝自己用牙刷刷牙，但是要注意培养宝宝正确的刷牙方式，并在初期选择可食用的牙膏，以防宝宝吞咽。

POINT 4　开始走路

一般宝宝10个月左右就可以扶站很久了；12个月左右父母可以教宝宝蹲站，以训练腿部的肌力，让宝宝自己行走，锻炼其平衡能力；14个月左右，宝宝就可以很好地独立行走了，父母只需要看护其安全即可。

0~6 岁宝宝生长与营养需求速查表

快速、全面了解食材中的营养元素，让妈妈做饭更轻松，宝宝吃得更营养、更健康。

补充宝宝成长营养素的最佳食材速查表	
蛋白质	牛肉、鸡肉、鹅肉、羊肉、蛋奶制品、豆及豆制品、鱼类
钙	牛奶等奶制品、奶酪、小鱼类、虾米、豆及豆制品、羊栖菜、油菜、紫菜
镁	菠菜、黄豆、纳豆、杏仁、牡蛎、鲣鱼、海苔、腰果
铁	动物肝脏、鲣鱼、牡蛎、蛤蜊、深绿色蔬菜、瘦肉、大枣、海带
锌	牡蛎、干贝、牛肉、动物肝脏、南瓜子、蛋、全麦制品、坚果
硒	动物肝脏、沙丁鱼、鲱鱼、糙米、蔬菜、奶制品、红葡萄、蛋黄
碘	沙丁鱼、海带、海菜、龙虾、干贝、海参、海蜇、牛排
维生素 A	牛奶、鸡蛋、鳗鱼、三文鱼、绿色蔬菜、动物肝脏、玉米、黄豆
维生素 B_1	猪肉、鲣鱼、面、黄豆、糙米、燕麦、豌豆、紫菜
维生素 B_2	动物肝脏、鳗鱼、牛奶、鸡蛋、杏仁、沙丁鱼、奶酪、鲽鱼
维生素 B_6	动物肝脏、猪腿肉、三文鱼、紫菜、麦片、秋刀鱼、银杏、鲔鱼
维生素 B_{12}	海苔、动物肝脏、秋刀鱼、蛤蜊、沙丁鱼、三文鱼、牡蛎、鸡蛋
维生素 C	酸枣、猕猴桃、豌豆苗、青椒、西蓝花、芥蓝、土豆、柑橘类
维生素 D	鲭鱼、三文鱼、鲔鱼、秋刀鱼、鲽鱼、菇类、动物肝脏、蛋黄
维生素 E	鳗鱼、食用油、鳕鱼子、坚果类、沙丁鱼、酪梨、小麦胚芽、白果